主管必修的

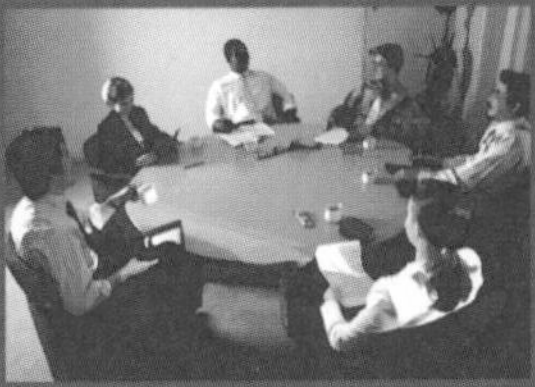

17堂激勵課

17

張岱之◆著

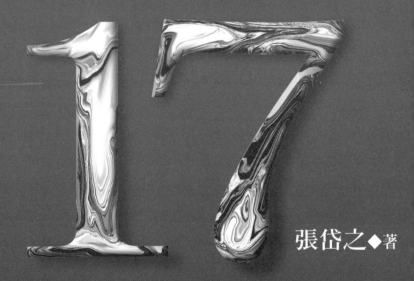

編輯室報告

行政院經建會在民國八十九年八月通過的「知識經濟發展方案」中指出：近代經濟的發展，來自於生產力長期的累積增加；生產力長期持續增加的原因，即來自於知識不斷的累積與有效應用。近十年以來，由資訊通訊科技所帶動的技術變革，已徹底改變了人類生活與生產的模式，在二十一世紀也將成為影響各國經濟發展榮枯的重要因素。

根據經濟發展的階段來區分的話，社會經濟體系粗分為農業社會與工業社會。在農業社會，土地與勞力是決定經濟發展的主要力量，在工業社會，資本與技術是決定經濟發展的主要力量。

近年來，經濟學家發現，資本不再是主導經濟發展的力量，知識的運用與創新才是經濟成長的動力。因此，以知識為基礎的經濟體系於焉形成，形成繼工業革命之後另一個全球性的經濟大變革。

知識經濟是指以知識的生產、傳遞、應用為主的經濟體系。在知識經濟體系下，新的觀念與新的科技快速往前推進，您跟上時代了嗎？您找到自己位置了嗎？您的競爭力夠嗎？

知識經濟並不僅存在於知識分子，也不是在高科技產業中才看得到，個人和企業若是具備改革和創新的能力，也就是有效的利用資訊來創造價值的能力，就是在實踐知識經濟。

不管是個人或企業，善用知識經濟的力量，可以達到創新、提高附加價值、降低成本、提升競爭力，進而完成新高峰的個人價值或企業發展。

在這個全新的時代裡，每個人都擁有無數的機會，成功的故事隨時都在上演，只要您願意提升個人的競爭力，善用頭腦發現創意，明日，人生的舞台上您就是衆人矚目的主角。

有緣於此，宇河文化特別精心規劃了【知識精英】這個書系，邀請在工商產業界擁有豐富實戰經驗的重量級人士，傳遞他們的知識與經驗，幫助您我在這個競爭激烈卻也希望無窮的時代裡，找到自己的成功。

【推薦序之一】

讓你的管理功力倍增

美國 K.D.D 國際行銷亞太區 總裁 **張錦希**

一個優秀的部門主管，最重要是必須認知自己主管的角色與任務，能夠駕輕就熟的帶領部門團隊發揮最大潛能，並創造更高的團隊貢獻，也讓自己有更大的揮灑空間並更上層樓。

許多人在公司裡因優秀的專業能力與表現而被拔擢為部門主管，可是往往無法做適當之角色調整及缺乏擔任主管應有之管理與領導能力，以致不但不能達成公司擢升之美意，發揮所屬團隊效能，為公司帶來利潤，更糟者成為公司與員工之間的夾心餅乾，每天疲累於辦公室之間。

適任的主管絕非天生，是必須經過學習，建立正確的認知與待人處事技能，才能做好扮演好自身的角色，進而運用各種領導與管理技巧，幫助團隊建立更大的價值。

坊間有許許多多關於領導與管理的書籍，卻總不免失於現實面而顯得艱澀，張岱之的這本《主管必修的17堂激勵課》卻能別出心裁，運用大量的實例並融入企業的運作實際面，將一個部門主管該如何運用激勵之道達成部門目標，做系統而清晰的闡述。

這本書，適合各中小企業主管閱讀，也適合老闆閱讀，當然更適合一般上班族閱讀，看完這本書，必將讓你的管理功力倍增，游刃於辦公室。

【推薦序之二】

主管不可不讀的一本書

泰荃科技股份有限公司 總經理 張子乾

主管的工作是什麼？主管通常扮演什麼角色？主管的價值在哪裡？在能力和貢獻上與一般員工有何不同？

主管該如何扮演好自身的角色，有效帶領所屬團隊為企業創造最大利潤？

身為部門主管的你，是不是常常不知道如何在老闆與員工之間找到一個最佳的平衡點而身心疲憊不堪？

主管與部屬在性質上有何差異，以及主管所需建立的激勵能力，學習管理就是「運用有限的資源，創造合理的最高利潤」，是這本《主管必修的17堂激勵課》所要探討的重要課題。

相信每個主管都期望自己所帶領的團隊是一個高效能團隊，商場如戰場，士氣攸關成敗。這本書有別於一般市面上的管理書籍，書中以「激勵」為重點，運用「激勵」帶動所屬團隊的鬥志，為共同的目標而努力。

松下幸之助曾經說：「我們都不是為工作而活，工作只是我們用來充實自我人生，改善社會的手段。因此，工作絶不能成為苦差事，它應是讓美夢成真的一條希望之道。」

親愛的朋友，經過了多年的努力，當你好不容易成為公司裡的部門主管，卻發現到自己帶不動所屬員工而滿身傷痕，不知道人生的下一個目標時，請你看看這本書，因為它可以幫助你找到職場新生命，讓你成為受老闆賞識、受部屬愛戴的主管人物。

序言

那些善於激勵別人的人必將成為真正的權勢人物

一八九九年，當時的美國鋼鐵大王卡內基已經成為全世界最富有的人。隨著他的聯合鋼鐵公司的規模不斷擴張，他決定聘請在當時有著「管理天才」之稱的查理・斯圖博來管理自己的商業帝國，這一舉措在當時引起了軒然大波，因為根據雙方的協定，查理的年薪居然高達數百萬美元，在當時的美國，這種待遇可謂絕無僅有。

「你憑什麼得到這樣豐厚的待遇呢？」在一次記者會上，一位記者問查理，「難道是因為你對鋼鐵製造的專業知識？」

「根本不是這樣的！」查理微笑著說道，「可以說，從對鋼鐵製造技術的瞭解而言，公司的任何一位工程師都比我優秀。」

「那到底是為什麼呢？」這位記者開始感到疑惑。

「實話告訴你，我最大的資本就是：我能夠讓這些工程師積極地為我工作，僅此而已！」

激勵一直是現代管理學家們熱心探討的一個主要問題。在現代企業當中，那些懂得如何激勵員工進行有效地合作的人，其對公司的意義要比一位熟練的技術工人大得多。很多公司的CEO和最高管理層往往並不是真正的技術專家，而是那些善於激勵自己周圍的人去賣力工作的人。

美國甲骨文公司的董事長兼CEO拉里·埃里森並不是該公司最優秀的軟體工程師，他卻成功地率領著四名工程師打敗了強大的IBM；世界首富比爾·蓋茲十幾年前便已不再參與軟體設計，可是他的公司卻能夠以驚人的速度不斷更新自己的軟體產品；華人首富李嘉誠既不是房地產專家，也不是電信專家，可是他的和記黃埔卻在二〇〇二年成功地打進了歐洲電信市場，並成為該市場的最大玩家之一……

這些人都有一個共同的特點：他們非常善於激勵和鼓舞自己身邊的人，從而實現最有效地組織資源。

幾乎沒有人懷疑，激勵已經成為企業管理者的一個必備素質。事實上，在我們所處的這個現代社會當中，無論是從個人成長，還是從企業發展的角度來說，分工都已經成為必須，那些善於協調分工，並在合作過程中發揮激勵作用的人，必將成為公司中的權勢人物。

上個世紀八〇年代，曾經有管理學家做過一項關於領導力的調查研究，結果發現，幾乎所有的成功管理者都相信，自己之所以能夠取得成功，只有少部分因素與個人的努力和知識儲備有關，相比之下，一個人的領導能力要更為重要。

當調查者們要求這些管理者對「領導能力」做進一步解釋的時候，幾乎所有的人都認為衡量一個人領導能力的最重要的指標就是他的激勵能力。「對於一名管理者來說，能夠激發他人的工作熱情是最重要的工作。」一名管理者這樣說道。

無獨有偶，在經過多年研究之後，哈佛大學的一位企業心理學家也得出了這樣的結論：一般工人的升遷有90％是憑著自己的專業技術知識，有10％是憑藉著包括人際關係在內的其他因素；而對於企業的高層管理者來說，人際關係要佔有更加重要的位置，幾乎能達到50％以上。

激勵是一種雙贏的行為，無論是從激勵者還是從被激勵者的角度來說，激勵的目的都是實現雙方的共同利益。成功的激勵者不僅能夠積極地推動整個團隊向前發展，從而在實現團隊利益的同時盡可能地實現個人利益，而且透過不斷激勵自己周圍的人，管理者還可以幫助他們有效地發揮自身的潛力，實現個人的發展。

目錄

第一課

偉大激勵者的基本特點

本課主要內容：

偉大的激勵者必須：

具有獨立的人格。

對未來充滿理想，對自己所從事的事業充滿熱情。

瞭解被激勵者的心理。

能夠為整個團隊確立誘人的願景，並將自己的熱情有效地傳達給周圍的人。

人們無法想像，如果沒有林肯，今天的美國會是什麼樣子。

一八六〇年，就任美國總統之後不久，林肯就極力推動美國的廢奴運動，在他的一次演講當中，林肯慷慨陳詞，誓要建立一個眞正民主的社會，一個「民有、民治、民享」的國家。

在林肯的激勵下，整個美國社會都投入了一場聲勢浩大的革命運動當中，北方各州盡釋前嫌，組成一支強大的聯盟軍隊，與南方軍隊進行了長達四年之久的戰爭，直到最終徹底廢除了美國南部的奴隸制度。林肯也因此被公認爲美國歷史

上最偉大的總統之一。

很多人都把林肯看作是一個極爲外向，口若懸河的人，而事實並非如此。少年時代，林肯曾經一個人獨居在森林深處，用他後來的話說，當時陪伴他的只有「一把斧子和周圍的那些小樹」。在這樣的環境之下，少年林肯形成了自己特有的思維方式，並在一些問題上形成了堅定的信念。在以後的政治生涯當中，雖然經歷了各式各樣的非議和挫敗，可是林肯從來沒有改變自己的政治信仰，始終堅持著那些自己認爲是正確的東西，最終並改變了一個國家的命運。

很多歷史學家把美國內戰看成是一個人的勝利，因爲他們相信，直接將這場戰爭引向勝利的因素就是林肯個人的政治信仰。而著名的政治學家卡爾博士相信，林肯之所以能夠承受一切壓力和質疑，基本上是因爲他那幾年的獨處。

偉大的領導者和激勵者必須具有獨立的人格。在美國中部遼闊的大草原上，每當野牛遷徙的季節，領頭的野牛總是會身處整個隊伍的前列。人類社會也是如此，在任何一個團隊當中，領導者必須始終站在最前沿的位置，只知道跟隨別人的人永遠不會成爲眞正的領袖，而在進行團隊合作的時候，一個必須的要素就是團隊核心，也就是說，一個團隊必須擁有自己的核心信念以及核心決策層，在這種情況下，那些擁有獨立人格，能夠始終堅守自己的信念的人就很容易脫穎而出，成爲眞正的領袖人物。

反過來說，那些無法保持精神獨立的人，他們對於未來的看法很容易受到別人的影響，經常發生變化，他們甚至無法給追隨自己的團隊成員帶來足夠的信心，試想一下，如果一個人對自己都沒有信心，都無法堅持自己的信念，他周圍的人又怎麼可能對他產生信心呢？

偉大激勵者必須對自己的工作充滿熱情。

雖然很多公司都建立了完備的員工激勵制度，透過各種手段最大限度地激發員工的工作熱情，事實上，對於一個公司來說，激發員工熱情的最大動力來源應該是它的領導者。

世界第五大傳媒公司維亞康姆公司的董事長兼CEO薩姆·雷石東就是一個對自己的工作充滿熱情的人。事實上，年屆八十餘歲的他一生都在被一種追求成功的熱情所驅動著。早在哈佛大學畢業之後，他就開始體味到了商業的樂趣，在律

師行業從業十年之後，他毅然放棄了年薪數百萬的律師工作，開始經營起自己的汽車電影院。

六十三歲那年，正當薩姆的很多朋友紛紛退居二線，準備頤養天年的時候，薩姆卻大舉進軍內容製作領域，宣佈收購當時已經陷入財務危機的維亞康姆公司，不僅如此，收購成功之後，他又在隨後的十餘年間一路攻城掠池，接連將派拉蒙公司、哥倫比亞廣播公司等媒體納入麾下，造就了今天維亞康姆公司。

當記者問起他是什麼驅動著他在六十三歲高齡的時候選擇收購當時已經陷入危機的維亞康姆公司，他這樣回答：「我的一生都在追求成功，我不知道對於自己來說，成功到底意味著什麼，可是我始終堅信，我目前從事的工作是世界上最好的工作，我爲能夠得到這樣一份工作而自豪！」

可以肯定的是，在任何團隊活動當中，團隊的領導者都會是活動的核心，也就是說，在進行團隊活動的時候，領導者的一舉一動都會受到下屬的關注，對他們產生重要的影響，並很可能成爲下屬效仿的榜樣。在這種情況下，如果一名領導者對自己的工作始終保持一種非常消極的態度，那他很難對下屬產生正面的影響，更加無法激起他們的工作熱情。

熱情往往具有極強的感染性和驅動力，那些受了熱情感染的人有時甚至會對自己的工作產生一種幾近瘋狂的熱情，這種熱情不僅能夠激發員工本身對自己的工作盡職盡責，力求完美，他們還能夠在自己的周圍形成一個努力工作的氛圍，從而對自己周圍的人產生積極的影響。可以想像，如果一旦領導者能夠使下屬們對自己的工作產生足夠的熱情，員工自然就會對自身的工作確立極高的標準，所有的監督和管理機制也將變得形同虛設。

偉大的激勵者總是對未來充滿理想，對自己的事業有著堅定的信念。幾乎所有成功的激勵者起初都是夢想家。在激勵別人之前，他們首先會讓自己充滿動力，而對於那些充當了開拓者角色（比如說公司的創始人）的激勵者來說，能夠給他們帶來最大動力的，就是他們的理想（儘管當時很可能被認爲是空想）。

一九五四年十月，康得拉·尼古遜·希爾頓以一億一千萬美元的價格收購了擁有「世界旅館皇帝」之稱的斯塔特拉連鎖旅館，在完成此次收購之後，希爾頓

成了名副其實的飯店大王，在以後的數十年間，希爾頓一直馬不停蹄地在世界各地拓展自己的飯店事業，成立希爾頓國際飯店有限公司之後，他先後把自己的疆域擴展到世界各地，到了一九七九年希爾頓在聖摩尼卡的家中去世的時候，他的飯店已經遍及到除了南極之外的所有國家……

「你必須懷有夢想，」在自己的自傳當中，希爾頓這樣總結自己的成功秘訣，「要想成就偉大的事業，一個人首先必須清楚地看到夢想成爲現實以後的樣子，否則你就無法激勵自己去面對取得成功的道路上所有的困難和挫折。」

這位飯店大王的第一份工作開始於他十二歲那年，他當時從事的工作是清理動物糞便。這樣一份工作每月能帶給他五美元的收入，僅能維持溫飽。在以後的二十餘年間，爲了維持生計，希爾頓先後從事了多種工作，他曾經當過路邊小販、酒店招待員、現金出納員，並曾在部隊裡服過兩年兵役。雖然經歷了種種痛苦和磨難，但希爾頓從來沒有放棄過自己的夢想，即便再窮困潦倒，幾近崩潰的時候，他也始終堅信自己終將建起這個世界上最偉大的飯店。

迪士尼公司的創始人華德・迪士尼也有著幾乎完全相同的經歷，只不過兩人的夢想不同罷了。早在雜誌社當編輯的時候，華德就一直在心中構建著一座能夠讓孩子們無憂無慮地玩耍的天堂般的地方，哪怕在他被雜誌社開除，窮困潦倒的時候，他也始終沒有放棄這個理想，直到把它變成現實。在迪士尼公園落成典禮上，兩位華德生前的好友有過一番這樣的談話：

「眞可惜，華德沒有看到這一切，不然的話，他一定非常高興！」

「不，他看到了，否則就不會有今天的迪士尼樂園。」

夢想是激發熱情的最有效的手段，無論是對於那些身處順境的人來說，如果沒有夢想的話，他們很難會有進一步發展的動力；而對於那些目前正陷入困境的人來說，如果沒有夢想的話，他們很可能根本沒有勇氣去面對眼前的挫折。從激勵者的角度來說，沒有夢想的人往往不會有足夠的動力，他們也就無法積極地激勵自己身邊的人全力以赴地工作。

要想成功地激勵別人，激勵者還必須能夠瞭解被激勵者的心理需求。

「我不知道該怎麼讓鮑勃努力工作，他好像天生就是個懶蟲，我眞的拿他毫無辦法！」

「他只喜歡玩，對他來說，好像什麼工作都是一種負擔！」

「眞不知道該拿他怎麼辦，他就是那種慢性子」……

很多管理者都埋怨自己的下屬過於懶惰，對工作毫無動力，所以他們覺得自己根本無法激勵這樣的人努力工作。

事實上，這個世界上根本不存在只知道吃飯、睡覺的人，幾乎每個人都會有自己的興奮點，而一旦找到了自己下屬的興奮點，管理者就可以成功地激發該員工發揮出自己的最大潛力。

被公認爲澳大利亞「王牌推銷員」的埃倫・皮斯曾經這樣回顧自己的早年職業生涯：「在開始的半年裡，我幾乎無法堅持下去了……沒人願意買我的東西，他們甚至不願意聽我介紹完我的產品，在這些人看來，我就像是個騙子，在喋喋不休地誘騙他們打開自己的錢包，我覺得自己的工作毫無價值，慢慢地，我也開始相信自己是個騙子了。」

「有一天晚上，我走進一家旅館，就在我想打開電視的時候，旅館的服務員問我：『您還有什麼需要幫助的嗎？』突然之間，我就像是受到了神靈的啓示一般，一下子對推銷員的工作有了新的認識。從那以後，每次遇到一位潛在客戶的時候，我總是先觀察他們的需要，然後看看我能否用自己的產品來幫助他們。這個方法好極了，結果我不僅賣出了更多的產品，還跟很多人建立了維繫一生的友誼。」

很多管理者常犯的一個錯誤就是，他們總是從自己的角度去揣度別人。這樣的管理者相信，凡是自己喜歡的，別人就一定喜歡，凡是自己重視的東西，別人就一定重視，所以在制定激勵制度的時候，這類領導者總是會獎懲分明，他們喜歡用具體的數位指標來衡量一個人的成敗，並透過物質激勵、在員工之間相互競爭等各種方式來推動團隊不斷進步。

事實上，從激勵的角度來說，員工的心理需求是多方面的，不同員工往往有著截然不同的心理需求，即便是對於同一位員工來說，在不同的階段，他們也會有著不同的心理需求。所以成功的激勵者總是能夠首先瞭解員工的心理需求，然後針對不同的情況進行富有針對性的激勵。

心理學家們把人們的激勵因素分爲五個層次，依次是：

1.**物質需求**。從企業管理的角度來說，物質需求表現爲一定的物質獎勵，比如說實物獎勵、現金獎勵、加薪、股票期權、年終分紅等。

2.**對工作的認可**。除了物質需求之外，認可也是人的一種本能需求，是產生持續工作的根本性動力，也是使人們對一項工作產生興趣的根本原因。在許多世界著名的跨國公司當中，人力資源部門都會設立一些對員工工作進行認可的方式，比如通報表揚、在員工大會上進行獎勵、帶薪休假、升遷等等。

3.**不斷進步**。人是一種永遠在追求進步的動物，基本上，人的欲望永遠也無法得到徹底地滿足，人的這種天性決定了他們在工作中總是追求不斷地超越自己，每當實現了一個目標之後，他們總是會爲自己定下一個新的目標。在這種情況下，優秀的管理者總是能夠不斷地爲下屬創造提升自我的空間，在一定程度上對他們不斷提出新的挑戰，從而使他們對工作始終充滿熱忱。

4.**自我實現**。試想一下，如果一個人確信一輩子都不可能在別人面前表演的話，他會在臺下苦練舞蹈嗎？顯然不會。人們追求成功的動力在於他們始終堅信自己有朝一日終將得到肯定，如果管理者讓自己的下屬感覺他們永遠也沒有機會展示自己的才能的話，下屬根本沒有任何改進自己的動力。

5. **夢想**。正像我們前面談過的那樣，夢想是熱情的一個主要來源，而且是最源泉的動力之一。

進行富有針對性的激勵並不一定需要管理者進行太大投入，有時最有效的激勵手段可能只是一個會心的笑容、有時可能是一個輕輕地擁抱、有時可能是一封簡單的電子郵件、有時可能是一份生日禮物……無論採取什麼樣的激勵手段，要想發揮預期的效果，激勵者必須學會儘量體察下屬當時的心態。

對於成功的激勵者來說，他不僅要在心中懷有一個偉大的夢想，還要善於把自己的夢想用適當的方式傳達給自己周圍的人。

夢想是一種非常有趣的人類現象，它不僅能夠複製傳播，而且還會在不斷傳播的過程中變得越來越強大。當一個夢想被人傳播了上千遍之後，它就成了一個清晰的目標，而如果這個夢想能夠在不斷傳播的過程中得到認可的話，它就很可能會成爲現實。

當所有的人都在向著同一個目標而努力的時候，他們會在自己的周圍形成一

個強大的磁場，把整個團隊牢牢地凝聚在一起，而想要形成這樣一個共同的目標，管理者就必須能夠把自己的夢想清晰地傳達給團隊中的每個成員，從而爲整個團隊確立一個充滿誘惑的願景。

我們在本書開頭提到的邱吉爾就是一個很好的例子。衆所周知，邱吉爾不僅是一個優秀的政治家，他還是一個偉大的演講家、作家和歷史學家。所以他的演講總是能夠直指人心，具有極強的感染力，他總是能夠爲聽衆描繪出一副極具誘惑力的圖景，並在這個過程當中將自己對實現目標的熱情和信心傳達給聽衆，或許正因爲如此，他才能夠在極爲艱苦的條件下，把幾乎已經陷入絕望的數百萬英國人動員起來吧！

激勵指數自測

1. 我具有獨立的人格嗎？在面對任何問題的時候，我能夠始終保持清醒地認識，對事物形成自己的判斷，並始終堅守自己的信念嗎？

2.找出一個具體的下屬，激勵指數自測，我眞的瞭解他嗎？我應該怎樣才能讓他工作更加富有熱情呢？

3.我對未來懷有夢想嗎？我的夢想是什麼？我是否堅信它一定能夠實現？

4.我的言行具有足夠的感染力嗎？我把自己對於未來的設想清晰地傳達給我的團隊成員了嗎？如果沒有的話，我建議你去參加一些演講力培訓班，或者是把你的夢想清晰地寫下來，並在寫的過程中不斷整理你的思路。

第二課

什麼樣的員工最積極

本課主要內容：

優秀的激勵者總是能夠瞭解員工的真正驅動力。

要想激勵成功，就必須學會把握每個員工的特長。

不能使任何一個人對自己的工作完全感到滿意。

你的員工為什麼會選擇到你這裡工作？你有沒有考慮過這個問題？

無論經濟形勢好壞，那些有才能的人總是有條件在若干個工作中進行挑選。所以如果你的手下是眞正有才能的人，你就應該問問自己這個問題。你所提供的工作到底有什麼地方吸引了對方呢？關於這個問題，不同的人會提出不同的答案。

加林是微軟公司的一名專案經理，他於一九八二年的時候大學畢業，他的專業是生物學，對於他來說，電腦程式設計完全是一種個人愛好，雖然他也曾想過到軟體公司工作，可直到加入微軟公司之前，他都一直在一家生物化學公司從事研究工作，直到加入微軟公司四年之後，他獲得了股票期權，隨著微軟公司股票

價格的一路上揚，加林早在二十六歲的時候就成了身價數百萬的富翁。加林的許多同學都對他羨慕不已，他的一些同事也很快趁著公司股價攀高的時候兌換了現金，然後離開了微軟公司。可是加林既沒有兌換自己的股票，也沒有像個百萬富翁那樣生活，他依然開著自己那輛已經開了六年的吉普車，每天穿著都已經有了毛邊的牛仔褲。

當有人問加林爲什麼繼續留在微軟公司，而不願意回家做個悠閒的百萬富翁的時候，他像個孩子似地回答道：「爲什麼要那樣呢？我現在的工作可比休假好玩多啦！」

對於加林來說，微軟公司的工作有兩點最吸引他的地方：第一，他可以從事自己喜愛的軟體設計工作；第二，他喜歡爲比爾・蓋茲工作。只要能夠滿足這兩個條件，他就覺得其他一切都變得不再重要了，雖然工作很辛苦，但是他樂在其中，雖然公司仍舊給他提供高額的獎金，然而對他來說，他早已經不再需要爲金錢而工作了。

想想看，你爲自己的下屬提供了哪些條件，使他們能夠像加林那樣喜愛自己的工作呢？換句話說，對於那些堅持在你公司工作的人，除了工資之外，到底還有哪些地方在吸引著他們？而對於那些新近加入你公司的人來說，你又能夠提供哪些條件使他們願意長時間留在你的公司呢？

單純爲金錢而工作的人遲早會因爲金錢而離開。他們會選擇薪水更高的工作，或者乾脆自行創業。如果他們單獨用金錢來衡量一份工作所能給自己帶來的價值的話，他們就會對自己所做的一切斤斤計較，在這種情況下，他們就很難有動力去考慮自己份外的事情，也就不會有動力去爲公司的前途考慮，事實上，他們甚至不會爲了一份急件的工作而犧牲自己的業餘時間。

如果你的公司是這樣的話，那你顯然不是一名合格的激勵者。合格的激勵者首先應該使工作場所成爲一個讓員工感到自我感覺良好的地方，它不應該抹煞員工的個性，而應該能夠使員工的個人特點與公司的發展目標統一起來，使員工在實現個人成長的同時推動整個組織的發展。

要想做到這一點，管理者首先應該學會關注員工的需求。學會從員工的角度考慮問題：是什麼能夠讓他們興奮？什麼能夠使他們在工作的時候更加投入？在

一天的工作當中，什麼時候他們的笑聲最多？他們做什麼事情的時候最開心？爲什麼？

我建議每一位管理者都開始抽出自己的一位資深下屬作爲樣本，開始觀察他們的日常工作，然後回答上面的幾個問題。在得出答案之後，我建議管理者們仔細考慮一下，你可以對這位員工的工作做出怎樣的調整，從而使他們工作得更加開心，更加富有成效。

美國美國奇異公司前任CEO傑克·威爾許這樣形容自己在塑膠部門擔任主管時的團隊，在他的自傳《Jack Welch: Straight from the Gut》當中，他對理想的管理團隊進行了這樣的描述：

「你會發現團隊中有很多性格迥異的職員——有些是美國奇異的內部員工，有些則是從外面新招聘進來的。不過我們都很樸實，毫不做作，也不拘泥於禮節，而且總是十分直率……我們很隨意地穿著汗衫和牛仔褲工作；我們還銜著敞開門的辦公室呼來喊去。那時那個地方的感覺就像是回到了大學宿舍。我們還常在星期六晚上聚餐，或者在星期天下午來個小型聚會，我們盡情地享受著生活中最美好的時光。」

在一次接受電視臺採訪的時候，主持人問他是怎麼想到要採取這種管理方式的——畢竟，在當時的美國奇異，允許下屬穿著牛仔褲上班的上司並不多，傑克・威爾許回答道：「我喜歡這樣的工作方式，而且在跟我的下屬們相處了一段時間之後，我發現他們當中有很多人都不喜歡穿著正式服裝上班——那讓人覺得毫無生氣！」

事實證明，調整了工作風格之後，傑克所領導的團隊迸發了驚人的創造力，他們在三年時間內將整個塑膠部門扭虧爲盈，並成功地開發出了許多新的極具市場潛力的產品，就在第四年的時候，傑克再次被提升爲公司的副董事長，距離CEO的位置僅有兩個級別。

關注員工的另外一個好處就是它可以使管理者有效地欣賞每個員工的獨特之處。每個人都有自己的個性，從員工的角度來說，他們最擔心的就是從事與自己個性相反的工作。所以那些能夠尊重員工個性，使員工的個性發展與公司發展實現統一的管理者往往更能激發員工的工作熱情。

阿爾姆林公司是印度加爾各達市一家新興的網路安全公司，該公司在用人方面的一個最大特點就是，它在選拔人才的時候會經過非常嚴格的挑選，其錄取率僅爲千分之二，可是對於那些最終加入該公司的員工來說，在最初加入公司的一段時間裡，管理者並不會給他們安排任何固定的工作，他們會給這些新人嘗試各種工作崗位的機會。經過大約半年時間之後，管理者會讓員工根據自己的興趣挑選自己喜歡的工作崗位，對於那些急需補充人員的工作崗位，管理人員也會採用自願報名的方式，讓員工自己做出決定。面對人們對這種做法的質疑，該公司人力資源主管拉姆說道：「衆所周知，進入阿爾姆林公司的門檻非常高，所以我相信，那些能夠加入我們公司的人基本上都可以承擔公司內的任何職位，既然如此，我爲什麼不儘量讓他們做自己喜歡的工作呢？」

透過這種方式，該公司的人才流失率幾乎爲零，對於公司來說，這意味著巨大的成本節約，不僅如此，由於員工對公司的忠誠度極高，公司在技術保密、勞資糾紛等方面的成本也被降到了最低水準。

要想眞正的瞭解員工的心理，管理者還應該在自己的企業當中建立有效的溝通制度和管道。在全球五百大企業當中，有超過四百五十家以上都採用了 OPEN DOOR 政策，據說比爾・蓋茲每天都會用上超過半天的時間來閱讀公司員工發給他的電子郵件。在摩托羅拉公司，各級主管、經理辦公室的門是永遠敞開的，幾乎公司裡的每位員工都可以直接找自己的主管談話，及時交換意見，在必要的情況下，他們甚至可以直接跟主管的上級進行溝通。爲了方便員工與上司之間，以及員工與員工之間進行溝通，公司設立了包括總經理座談會、業績報告會、認識部經理座談會等一系列溝通渠道，並創辦了各類企業內部刊物，其中包括《移動之聲音》雜誌、《大家庭》雜誌等。除了傳統的溝通渠道之外，公司前總裁高爾文還在每週爲全體員工發一封電子郵件，向員工通報自己一週的工作和生活情況。

透過這一連串的溝通管道，摩托羅拉公司大大改善了公司內部的關係，公司也因此被評選爲「全球最佳雇主」之一，建立了強大的人才基因庫，摩托羅拉公司也得以東山再起，重新成爲行動通信領域的領軍企業。

人們往往對那些自己參與做出的決策抱有高度的責任感，所以在企業進行決策的時候，如果能夠積極爭取到執行員工的參與，則決策的科學性、可實踐性，

以及員工的積極性都會得到提高。

傑克・威爾許提倡美國奇異公司建立一種更加平等的工作氛圍。他認爲，公司全球幾十萬名員工都可以彼此直呼其名，每個人都應該把自己周圍的人看成是自己的客戶。在傑克看來，公司內部上下級之間應該是一種合作關係、服務管理，而不再是僵硬呆板的上下級關係。

在進行決策的時候，傑克強調一定要有執行員工的參與，在他看來，那些只負責決策，而不考慮執行的經理人都是不合格的。不僅如此，在進行決策的過程當中，公司還經常使用大腦風暴的方式，在就各種意見和建議進行評估的時候，完全不區分提出意見者級別的高低，只要是合理的意見，都可以立即被制定成爲規章制度，並馬上得到執行。

要想實現員工個人發展與公司發展之間的一致，一個有效的方法就是爲不同的員工確立短期工作目標。透過這種方式，管理者可以在分派任務的時候儘量考慮到員工個人的發展，使他們能夠在完成一項任務的同時使自己的個人能力得到相對的提高，從而爲今後的職業發展打下更爲堅實的基礎。同時從另一方面來說，明晰的目標也更加容易激發員工的工作熱情，使他們更加容易衡量自己的進步水準和工作績效。

激勵指數自測

1.我真的瞭解下屬們的心理需求嗎？如果答案是「否」的話，我建議你從今天開始，學會設身處地從員工的角度考慮問題。

2.我跟員工是否存在任何形式的溝通障礙？要想克服這種溝通障礙，一個有效的辦法就是向員工公佈你的個人電子信箱，讓他們隨時可以跟你進行直接溝通。

3.我在進行決策的時候是否儘量爭取員工的參與？如果一項決策沒有執行者參與的話，那它往往很難得到徹底地執行，所以在進行決策的時候，我建議你跟相關執行人員，或者是相關部門的負責人進行討論，千萬不可憑藉自己感覺行事。

4.在向員工分派工作的時候，我考慮到他們的個人興趣和個人發展目標了嗎？在情況允許的條件下，我建議你儘量分派那些興趣和目標都與任務相關聯的員工去完成一項工作。

第三課

如何讓你的員工更有責任感

本課主要內容：

要想最大限度地激發員工的責任感，讓員工感覺他們是在為自己工作，首先就要改變對他們的定位。

要讓員工能夠從企業的發展中得到實際的物質利益。

要鼓勵員工學會像企業的主人那樣思考。

要給予員工更大的控制權，使其積極參與到企業營運決策當中。

威廉姆是一家電信公司的清潔人員，從職位的角度來說，他所從事的可以說是整個公司當中最爲卑微的工作了，可是人們幾乎從來沒有在威廉姆的臉上看到任何卑微之色，他整天哼著小曲，滿臉笑容地跟每一個經過自己身邊的人打招呼——許多已經在這裡工作了很多年的人甚至都沒有他認識的人多。

他總是把辦公室裡裡外外打掃得一塵不染，而且每次倒垃圾的時候，威廉姆總是會仔細檢查一下垃圾桶裡有沒有重要文件，如果發現有沒有撕碎的紙，他總是會小心地把它拿出來，放到碎紙機裡。他還記得每一位老員工的生日，每當這

些人過生日的時候，他總是會送上一張自製的小卡片。新來的員工也很尊敬他，在他們看來，威廉姆就像是這個辦公室的主人，這個大家庭的家長。

幾乎所有的經理人都會喜歡像威廉姆這樣的員工，而對於那些希望員工能夠盡其所能把工作做到最好，能夠成爲企業最有價值的資產的管理者來說，一個重要的方法就是讓員工感覺自己是企業的所有者。

人的本性告訴我們，一旦人們感覺某個東西屬於自己時，他們就會對它投入百分之百的精力，悉心照料它、保護它，並甘願爲之付出最大的努力。所以，當企業員工眞正感覺自己是這個公司的一分子的時候，他們就會心甘情願地將自己的心血投入到工作當中。

要想使員工確立企業所有者的感覺，管理者首先應該從內心深處確立對企業員工的定位，在這個過程當中，一個最基本的做法就是改變對員工的稱呼。

許多全球知名的跨國公司都把自己的員工定位成合作者的角色。美國奇異前任CEO要求全球幾十萬名通用員工彼此直呼其名；星巴克公司把自己的員工稱爲「合夥人」；全球排名前四位的會計師事務所當中也都有「合夥人」這一職稱；

全球第一大連鎖商店沃爾瑪的創始人山姆・沃爾頓稱自己的員工為「我的朋友們」，他的最大樂趣就是開著自己的破卡車四處巡視全美各地的沃爾瑪分店，每到一家商店的門口，他總是會衝著商店經理大聲喊道：「嘿！你的老朋友來啦！」這種做法並不需要管理者進行任何資金上的投入，但它卻可以向員工傳達一條真誠的資訊：你們是這個公司的主人，你必須學會對它的一切負責。透過這種做法，管理者就可以在員工和企業之間建立一條強大的感情紐帶，從而不僅可以有效地激發員工為企業奉獻的積極性，而且可以最大限度地防止人才流失。

當然，要想真正在員工與公司之間建立感情紐帶，除了改變稱呼之外，管理者還應該努力與員工之間建立良好的私人感情——當然，這裡的私人感情並不是指發展裙帶關係，或者是培養親信。事實證明，這種做法不僅可以有效地提高員工之間合作效率，而且可以提高人們在工作過程中的心理滿足。

被譽為「經營之神」的松下幸之助就是一位讓下屬感到親近的人，松下電器的創始人之一的井上曾經把松下幸之助評價為一位「從天上走下來的神」，認為他是一位極具親和力的人，記得在松下電器創建初期，公司修建庫房的時候，由

於松下幸之助的堅持，設計師不得不對設計方案進行了修改，並最終決定用木製柱子來支撐整個庫房的重量。

可是過了一段時間之後，當松下先生前來視察工程進度的時候，卻「意外地」發現整個庫房有很多地方都是木製結構，他不禁勃然大怒，把設計人員叫過來狠狠訓斥了一頓。過了幾天之後，當井上再次跟松下談起了這件事情，並提醒松下是他自己建議使用木製結構的時候，松下馬上表示認錯，並跟井上從此成爲好朋友。

在重新定位員工角色，跟員工建立感情橋樑的同時，管理者還應該注意對員工進行物質上的激勵，能夠讓員工從自身所在企業的發展當中得到收益。在進行這種激勵的時候，獎金、升職，以及股票優先購買權是最基本的形式。

世界知名的化妝品公司歐萊雅公司就是一個很好的例子。該公司實行一種被稱爲「詩人與農民」的企業文化，當公司的員工能夠將詩人般的夢想與熱情跟農民的實幹精神結合起來的時候，歐萊雅公司都會對員工進行實惠性的獎勵。

在巴黎的歐萊雅公司總部，那些剛剛生完孩子的女性員工可以領到五個半月的薪水，在公司的八千名經理當中，有四分之一已經取得了購股權。除此之外，每到月底，公司都會根據員工的業績表現進行相對的獎勵，獎金的幅度完全根據員工的業績來評定，同時，公司還會在每年拿出一定的利潤進行分紅。

在進行物質激勵方面，美國奇異公司更是將各種激勵手段發揮得淋漓盡致。公司爲員工提供極富競爭力的薪酬，根據員工業績將其分爲A，B，C三個等級，員工所在等級的高低直接決定著工資增漲的週期和漲幅。其中A部分的人工資漲幅最高。對於表現特別突出的員工，公司會進行相對的股票和期權獎勵等等。在新經濟環境下，由於經濟發展的波動性比較大，而且知識在新經濟企業的發展中所占的比例又比較高，所以許多矽谷的高科技公司都把股票期權作爲一種重要的員工激勵手段，儘量減少由於員工流失所帶來的損失。微軟公司（雖然它的總部在西雅圖，但它無疑也是一家新經濟公司）就憑藉自己的股票期權獎勵計畫在上市初期就造就了數百位百萬富翁，在二〇〇一年的全球富人排行榜上，全球富豪前五名當中，就有三位是微軟公司的股東。在矽谷的Netbridge公司，那些在公司連續工作五年以上的員工就享有公司的股票優先購買權。

鼓勵員工像企業家一樣思考是激勵員工的又一種有效方式。一旦取得成功，這種激勵方式會比股票期權或利潤分享更爲有效。在與下屬員工進行日常接觸的時候，管理者應注意培養員工學會從不同的角度進行思考，比如說在執行決策的時候，如果員工能夠做到像企業家一樣思考，他們就會更加深刻地領會到上級主管的意圖，從而把決策執行得更加到位。

要想讓員工學像企業家那樣思考，管理者首先應該賦予員工更多的控制權，讓他們積極去面對企業營運過程中的實際問題，對企業有更強的參與感。在這方面，一個典型的例子就是美國奇異公司所採用的「群策群力」方案。這種做法有些類似於腦力激盪，只不過它所涉及的參與人數通常會更多一些，而且它的主持者通常也是來自於企業外部。

美國奇異公司在一次大整頓中首先採用了這個方法。當時公司聘請了一些來自企業外部的管理諮詢人士參與整頓過程當中，在進行群策群力的時候，通常是公司經理首先來到會場，他會提出一個重要議題或者是安排一下整個會議日程，然後他就會離開會場。這樣，在管理者不在的情況下，員工們就可以在諮詢人士的引導下進行自由討論了。他們首先會把自己所希望討論的具體問題列成清單，然後針對清單上的問題一項一項地展開討論，每個人都可以從決策者的角度考慮問題，而且一旦他（她）提出的解決方案得到了大家的認可，他（她）就會得到管理層的支援，從而他（她）的提議最終很可能會成爲公司的決策。

可想而知，在這種情況下，員工的參與積極性被極大地調動起來，一九八八年，群策群力法在美國奇異著名的「克羅頓維爾大調整」當中初試鋒芒，很快成爲公司的一種標準做法，公司管理層用它來清楚隱藏在公司各個角落裡的官僚主義，使得員工的創意和意見能夠自由地在龐大的公司體系當中自由流動，並在一年後被發展成爲著名的「無邊界」理念。

事實證明，要想讓員工對企業產生歸屬感和擁有感，管理者必須首先改變對企業員工的定位，給他們一定的物質獎勵，並在相當程度上鼓勵他們像企業家一樣思考，給他們更多的控制權，並眞正讓他們感到自己就是企業的主人。

激勵指數自測

1. 在你的公司當中，找出一位經理人和他的下屬，在一個星期的時間裡，注意觀察他們的行爲，然後把他們之間的行爲與其他經理及其下屬之間的行爲方式進行對比，你能從中發現什麼共同點？經理怎樣稱呼自己的下屬？下屬會經常向自己的上司表達自己的意見和建議嗎？如果答案是「否定」的話，建議你採用本章當中提到的方法解決這個問題。

2. 仔細研究一下你公司的員工待遇政策，好好想一想，如果你是一名普通員工的話，公司的這些政策能夠激發你的工作熱情嗎？

3. 把群策群力方法應用到你的公司當中，找出一個公司範圍內的話題，將各部門的員工召集在一起，告訴大家你想讓他們討論的問題，然後離開，二個小時後回來收集大家的意見和建議。

第四課

對你的員工寄予厚望，他就會做出最好的表現

本課主要內容：

注意發現每個人身上的優點，而非缺點。

透過改變對員工的期待，你就可以改變員工本人的態度。

如何表現出你對員工的期待。

如何把握好期待的尺度。

貝多芬年輕的時候，曾經求教於著名的音樂家海頓，剛開始的時候，海頓對貝多芬充滿了希望，因爲他能夠強烈地感受到貝多芬身上洋溢著那種對於音樂的熱情，不僅如此，他還是一個非常執著的人，彷彿音樂就是他全部的生命。

可是過了一段時間之後，海頓就對貝多芬失去了信心：他感覺貝多芬的進步過於緩慢，以致於他開始對貝多芬的智商產生了懷疑。他甚至對外界宣稱，貝多芬這一輩子充其量只能成爲一名「音樂愛好者」。事實上，他的這種感覺是如此之強烈，以致於在過了一段時間之後，他決定把貝多芬逐出門外。可是他萬萬沒有想到的是，就是這樣一位在他看來毫無希望的人，居然成爲世界上最偉大的音

樂家。後來當貝多芬成名之後，有人曾經訪問過海頓，面對記者的問題，海頓尷尬地說道：「我當時把注意力放在了他的天賦上面，而忽略了他的堅持和執著，事實證明，由於只關注他的缺點，我沒有發現他優點的一面，這是一種錯誤的做法。」

在企業管理的問題上，同樣的道理仍然適用。

對於很多管理者來說，他們往往會不自覺地花很多時間去發現下屬員工身上的缺點，因爲在他們看來，只有積極地發現員工身上的缺點，才能幫助員工不斷進步，而他們的管理水準才能得到體現，好像對他們來說，管理者的主要工作就是去挑員工身上的毛病。

一個簡單的事實就是，這樣的管理者往往很難成爲優秀的管理者。毫無疑問，每個人身上都有優秀的一面，作爲負責組織資源的管理者，他的一個主要任務就是從員工身上發現資源，然後按照一種最佳的方式組織起來。一方面，這種做法可以讓員工最大限度地發揮自己的優勢——從心理上來說，員工所取得的每一點進步都是對他們最大的鼓勵和獎賞，另一方面，從資源組織的角度來說，能夠發現資源並以一種最有效的方式進行組織，這對企業來說也是一種最能產生效益的做法。

優秀的管理者不僅善於發現員工身上優秀的一面，而且他們還會透過期待員工做出最佳表現來激發員工的工作積極性。

研究表明，在一個組織當中，管理者對員工的期待高低與該員工的工作效率有著直接的聯繫，如果管理者對員工始終抱有很高的期望，他實際上就掌握了一個提高員工工作績效和動力的有效工具。

其中的道理非常簡單，在日常接觸過程當中，管理者與員工之間在進行互動的時候經常會不自覺地傳遞給員工一些信號，從而員工就會根據這些信號不斷調整自己的行爲。如果他們感覺上司對自己抱有很高的期望的話，他就會產生一種強烈地想要表現得更好的願望和動機——因爲沒有人喜歡讓別人失望。

著名心理學家威廉・詹姆士曾經在一所幼稚園裡做了一項有趣的試驗：他把幼稚園的孩子們分爲兩組分開進行試驗，他對其中的一組表示出了很高的期望，希望他們能夠在接下來的拔河比賽當中戰勝另一組，然後在跟另一組孩子進行談

話的過程當中，他對這些孩子說道：「我知道你們每個人都會盡力，但考慮到實力確實存在差距，所以我希望你們能夠堅持三分鐘就行了。」

比賽的結果正如他所預料到的那樣，第一組孩子堅持到底，最後贏得了勝利，而另一組孩子只堅持了三分鐘便開始懈怠，並很快一敗塗地。「爲什麼只堅持三分鐘呢？」威廉問第二組的孩子們，「因爲你說只需要堅持三分鐘就可以了啊！」孩子們回答道。

在很多情況下，管理者對下屬的期待實際上會在員工心理建立一道心理標準，他們只要求自己能夠達到上司的要求水準，一旦滿足了這個標準，他們就很難主動去提高對自己的要求，從而也就難以取得更大的進步了。

在這種情況下，如果管理者能夠對員工的表現做出更好的期待，那就肯定會對員工的表現產生積極的影響。想想看，當你的上司上一次拍著你的肩膀，告訴你「一切都拜託你了！」的時候，你心裡是一種什麼樣的感覺？你是不是突然產生一種強烈的責任感，覺得自己一定不能讓眼前的這個人失望？

期望帶來成就的一個最好例子就是海鷗喬納森的故事。喬納森是一隻海鷗的名字，和所有其他的海鷗一樣，喬納森每天在大海上飛翔，以捕食海裡的魚類為食，可是跟其他海鷗不同的是，喬納森並不甘於平庸，當其他海鷗只是滿足於在海邊撿食一些麵包殘屑的時候，喬納森卻始終對自己抱有很高的期望，他總是希望能夠飛得更高，看得更遠，向大海的深處尋找更為精細的食物，日復一日，喬納森從不改變自己的信條，就這樣，牠成了一種追求更高、更好、更加卓越的代名詞，在二十世紀七〇年代《天地一沙鷗》一書剛剛出版的時候，喬納森很快成為美國人心目中的偶像，在經濟低迷的七〇年代，牠給人們帶來了無盡的希望和熱情，成為激勵一代美國人的偉大力量。

管理者應該如何表現出自己對於下屬員工的期待呢？一個最好的辦法就是改變自己對待員工的方式。要想讓員工相信自己眞的是一個能夠取得某種成就的人，管理者就必須像員工已經取得了某種成就一樣去對待他們。要想做到這一點，管理者一方面可以把自己對該員工的期望用一些比較具體的標準確定下來——比如說，如果你希望某位下屬成為王牌銷售員的話，你就要把這個目標清楚地告訴對方「我相信你能夠成為王牌銷售員！」——記住，在為該員工確立目標的時候，

一定要具體，而不要只是簡單地說「我知道你能做得更好！」。另一方面，管理者應該時刻用員工所取得的哪怕一點點進步來鼓勵該員工。鼓勵和表揚往往能夠產生巨大的推動力，可以促使員工朝著自己的目標不斷前進。

除了向員工明確你對他們的期待之外，管理者還應該設法讓該員工周圍的人對他產生同樣的期待。一個最好的例子就是著名的威廉試驗。相信很多人都聽說過這個試驗：心理學家威廉和他的助手來到美國一所小學，在對該學校一年級的學生進行調查之後，他隨機給這些學生的老師列出了兩份名單，其中一份上面寫著那些「高潛力」學生的名字，而另外一份則是「低潛力」學生的名字。過了幾年之後，等到威廉再次來到這所學校，對孩子們的學習成績進行研究的時候，他發現那些被列入「高潛力」學生名單的孩子基本上都取得了不錯的成績，而那些被列入「低潛力」名單的孩子們一般都是成績平平。

這到底是爲什麼呢？在威廉對老師們的行爲進行觀察並與這些老師進行訪談之後，他得出結論：幾年來，這些老師一直在根據威廉當初對於這些孩子的評價來對待他們，對於那些「高潛力」的學生，老師會一直對他們充滿信心，並在日常接觸中不斷對他們進行更高的要求，而對於那些「低潛力」的學生，老師並沒有表示出任何的重視和期望，因爲在他看來，這些學生無論怎樣努力，都不會取得令人滿意的成就。

在對員工表現出期待的過程中，管理者一定要注意把握好尺度，否則可能就會產生完全相反的效果。

所謂把握尺度，就是指管理者既不能對自己的下屬做出一些不切實際的期望，也不能對他們期望過低。如果管理者對下屬做出一些他們根本無法實現的期望的時候，下屬的自信心經常就會受到打擊，他們會覺得自己總是無法達到別人期望的水準，從而可能對自己的能力產生懷疑，那些心理脆弱的下屬甚至可能會在心裡產生困惑，「我爲什麼這麼笨呢？」

而另一方面，如果管理者對於下屬的期望過低，從而使下屬很容易達到這種期望水準的話，他們也同樣無法產生繼續努力的動力，結果就會導致他們日益陷入倦怠，僅僅滿足於自己當前的工作水準。

如何把握好期望的尺度呢？俄羅斯著名生物學家巴甫洛夫曾經提出過一個著

名的原則：優秀的教育者總是能夠引導孩子們去摘到那些自己需要跳一下才能摘到的蘋果。在巴甫洛夫看來，那一根本無法摘到的蘋果是沒有吸引力，如果老師讓孩子們去摘這樣的蘋果，那肯定會有適得其反的效果——孩子們在進行了幾次失敗的嘗試之後，就會放棄去進行進一步的嘗試。而另一方面，如果孩子們只滿足於摘到那些自己一伸手就可以摘到的蘋果的話，他們慢慢也會因毫無趣味而放棄。

所以，從教育者的角度來說，最佳的教育方式就是讓孩子們去稍微突破一下自己的極限，嘗試那些暫時超出自己能力，但只要稍微努力就可以實現的目標。

在對下屬設定期望目標的時候，管理者也應該學會具體問題具體分析。首先你應該對自己的下屬員工進行仔細地觀察考量，對他們所能達到的目標有一個大致瞭解。然後你可以把對他們的期望值設定得稍微超出他們的能力範圍——比如說，如果一名打字員目前每分鐘能輸入一百個字的話，你可以告訴她，「只要稍微努力一下，我相信妳肯定能夠達到每分鐘一百一十個字的水準！」

激勵指數自測

1.找出一名你相對比較熟悉的員工，用大腦風暴的方式，在十分鐘內列出在你心目中他所有的優點和缺點。然後問問自己，你是否忽略了他的其他優點呢？

2.用量化的方式對一位資深員工的工作成就進行總結，然後把量化的結果展現給對方，告訴他：「我相信你半年後能夠把這個數字提高十個百分點。」

第五課

讓員工瞭解企業運作流程的重要性

本課主要內容：

為什麼管理者要讓員工瞭解企業運作過程。

管理者應該如何讓員工學習瞭解企業的運作。

在對員工進行培訓的時候，管理者應該如何把握好尺度。

鮑勃是迪士尼公司的一名創意工程師。創意工程師是迪士尼公司特有的一項職務，他的主要工作就是對迪士尼樂園中的遊客們進行觀察，比如說遊客最喜歡去哪些地方、遊客在體驗不同的遊樂專案時都會產生什麼樣的反應、遊客通常會走什麼樣的路線、哪些景點他們會去反覆遊覽、哪些景點的遊客量比較少等等。在進行完這些觀察之後，鮑勃通常會把自己的觀察結果呈報給上司，然後他的工作就結束了。

可是一段時間之後，他的上司突然告訴他：「你所給我的，根本不是我想要的！在進行記錄的時候，你應該記錄更多的個例，而不是這些泛泛的統計數字……」鮑勃突然感到一陣迷茫，因爲他並不知道上司到底要拿這些資料做什麼，

雖然他也曾經就此事請教過上司，可是對方並沒有給他一個明確的答覆，只是讓他按照自己的方式去記錄就行了。所以在這種情況下，鮑勃選擇按照景點進行分類，具體統計了各個景點的遊客量以及遊客年齡分佈情況等等。

而另一方面，鮑勃的上司實際上是要根據多個個例的行爲習慣來推斷整個遊客群體的行爲習慣，從而爲遊客設計出更加人性化的娛樂景點和路線，就這樣，由於上司沒能讓鮑勃及時瞭解創意工程師的整個工作流程，結果使得鮑勃幾個月的工作都毫無意義。

要想讓員工在工作的過程當中眞正順暢地與其他環節合作，管理者首先應該學會讓員工對自己在整個組織體系中所扮演的角色有個清晰的認識。因爲只有這樣，員工才能清楚地知道自己的本職工作是什麼，怎樣才能把自己的本職工作做得更好，以及怎樣才能在工作當中積極地跟自己周圍的人進行合作。

很多管理者都不願意把公司運作的整體環節透露給自己的下屬，他們認爲這些都是屬於商業機密，他們更喜歡爲員工確立具體的工作準則，然後讓下屬員工根據具體的工作手冊和準則去完成這些工作。當被問到他們採取這種做法的原因時，管理者說自己之所以這樣做，是爲了保護公司的商業機密不被洩露，可是根據管理學家們的研究結果，在採取這些做法的時候，很多管理者都是出於一種強烈的控制心態——他們不喜歡跟下屬共用太多的資訊，害怕由於員工掌握的資訊太多而跟自己站到了同一水準，可能會在進行決策的時候顯得比自己更有創見，從而削弱了自己在整個組織當中的影響力和威望。

事實上，當員工瞭解了自己的工作將對周圍的人產生怎樣的影響的時候，他們就會對自己的工作產生一個全新的認識，從而就會更願意爲企業做出更大的貢獻。著名的鋼鐵大王卡內基曾經這樣告訴自己的員工：收益－成本＝利潤，我們公司的整個營運秘訣就在於，要儘量增加收益，降低成本。這被美國管理學界譽爲「最成功的激勵方程式」之一，它成功地把收益和成本的概念灌輸到每一位員工內心深處，從而使得公司中的每個人在自己的日常工作當中都能夠做到始終把提高企業利潤率作爲工作的主要目標。

要想讓員工瞭解企業營運的實踐，一個主要的方法就是對員工進行一些最基本的流程培訓。許多公司都會對新近加入的員工進行流程培訓，培訓時間通常爲

三天到一個星期，培訓的形式主要包括向員工介紹公司運作流程以及帶領員工參觀公司各個工作部門等等。除了這些常規的流程培訓之外，許多諮詢顧問公司還開發了一些專門針對企業新員工的培訓遊戲，比如說接力遊戲就是其中的一種，在這種遊戲當中，遊戲的參與者被按照不同的部門分配到不同的小組，然後由每個小組各派一名代表參與一種經過特殊設計的擊鼓傳花遊戲，在這個遊戲當中，參與遊戲的選手將在鼓聲中不斷把花按照公司營運的流程順序傳遞給下一個部門的代表，就這樣，在輕鬆的氣氛當中，員工自然就學會了整個企業的運作流程。

除了基本的流程培訓之外，職務輪調也是一種比較流行的方法。寶潔公司可謂這方面的典型代表。在寶潔公司，每一位新加入公司的員工都會在與自己工作相關崗位上輪流進行培訓，一般情況下，員工在每一工作崗位上停留的時間爲一到兩個月左右，而且無論一個人從事何種工作，他們通常都要在銷售部門工作一段時間——因爲公司始終把銷售當作公司發展的源頭動力。

這樣，在經過大約半年的職務輪調之後，當該員工再回到自己的崗位上之後，他就能夠在進行工作的時候主動配合好其他部門的工作，同時由於對於公司運作有了一種全面性的認識，員工也將會更善於從整個流程的角度考慮問題，從公司的角度來說，它就可以在必要的時候調動整個公司的智慧，實現眞正的群策群力。

讓員工瞭解公司運作流程的第三個方法就是現金流討論法。這是一種最直接，也最有效的培訓方法。在運用這種方法對員工進行培訓的時候，管理者通常會用公司的某一項利潤產生情況作爲個例來進行討論。對現金流的討論通常從成本投入開始，管理者會從成本投入的角度對整個產品的生產、運輸、銷售等各個環節的營運進行闡述，從而在這個過程當中讓員工對整個企業的營運情況產生一個全面而詳細的瞭解。

早在企業創立初期，美國第二大零售公司盤尼公司就曾經採取過類似的做法。當公司的規模還很小的時候，公司的創始人盤尼先生就定期對新近加入公司的員工進行培訓，他經常會拿出一部分資金交給自己手下的經理，然後他會給這位經理一個固定的期限，讓他負責從採購、運輸，直到銷售的整個過程，在時間期限到了之後，盤尼先生就會跟這位經理共同討論整個過程中的現金流向，並對

其中可能實現的成本節約進行分析，如果在分析的過程當中，該經理能夠表現出一些比較有說服力的想法或者是觀點，並能夠在隨後的工作中把自己的觀點付諸實踐的話，他通常就會獲得晉升。

幫助員工掌握企業運作流程的另一種方式就是進行「開卷式管理」，這是美國著名的企業培訓專家安妮・布魯斯提出的一種管理理念，它主要強調管理者應該盡可能地跟下屬員工共用資訊，並在必要的時候跟他們分享自己的內心活動情況。美國奇異公司現任董事長傑夫・伊梅爾特就是一個特別注重跟員工分享資訊的人。在「九一一事件」發生之後，他所想到的第一件事情就是跟員工進行溝通，把自己的思想、公司的戰略告訴公司散佈在全球各個國家的員工，在日常工作當中，他更是把自己70%的時間用來跟員工進行溝通，把自己的想法及時告訴員工，並最終透過這種方式將整個公司凝聚成一股強大的力量。

跟員工分享資訊的方式有各式各樣，除了傳統的會議、簡報、通告等形式之外，隨著人類進入網路時代，電子郵件、電子公告牌、企業內部論壇等方式也都已經成爲了管理者跟下屬共同分享企業營運資訊的有效方式。

在對員工進行企業營運流程培訓，跟員工分享資訊的過程當中，管理者一定要把握好交流溝通的尺度。一方面，一定要讓員工對那些跟自己密切相關的資訊產生深刻瞭解，要讓員工對自己所應該掌握的資訊有著清晰深入地把握，並能夠把自己掌握的資訊徹底執行到自己的日常工作當中；另一方面，保密性也是管理者所必須考慮到的一個因素，千萬不可爲了共用資訊而不知不覺地洩露公司的商業機密。要想做到以上兩點，首先企業的人力資源管理部門應該對每個職位的工作職責進行清晰地界定。因爲只有這樣，公司在進行培訓的時候才能清楚地知道哪些資訊是員工所應該掌握的，哪些資訊跟他們的工作毫無關係，而且也沒有必要讓他們掌握的。

激勵指數自測

1. 在你所在的部門內進行一次考評，看看你的員工對整個部門的營運流程瞭解到什麼程度。

2.對於那些對營運流程瞭解不夠深入的員工，你準備採取怎樣的措施。

3.想想看，你可以設計哪些流程遊戲，從而讓你的員工對你們部門（乃至整個企業）的營運流程產生更加深入的瞭解。

4.在你的部門當中，每個員工都有一份清晰的工作職責描述嗎？如果沒有的話，建議你儘快制定一份，然後根據你所制定的工作職責描述來對員工進行相對的培訓。

第六課

掏出你的胡蘿蔔：讚揚與獎勵的必要性

本課主要內容：

管理者對員工進行讚揚和獎勵的必要性。

成功也是有慣性的，一次成功往往會帶來更多更大的成功。

讚揚有利於創造和諧的工作環境。

讚揚要及時。

管理者永遠不能做出那些自己無法兑現的承諾。

管理者在對員工進行獎勵的時候一定要考慮到員工的具體需要。

在公開場合對員工進行表揚的必要性。

在美國加州的聖地牙哥，有一座世界上最大的水世界樂園，其中最有名的一個娛樂專案，就是殺人鯨表演。八頭來自北大西洋的殺人鯨在馴鯨師的指揮下完成一個又一個高難度的動作，搖頭、擺尾、潛水，乃至跳躍……這些往日威風八面的海中之王儼然已經成爲了馴鯨師手下的精兵悍將。

每次看到這種表演的時候，觀衆總是會發出一陣陣感歎：「這些馴鯨師是怎

麼做到這一點的呢？」在Discover頻道的一期節目當中，馴鯨師們爲我們解開了其中的秘密。

原來，在剛開始把鯨魚運到水族館的時候，牠們和普通的鯨魚並沒什麼兩樣——甚至更加兇猛。在最初的一段時間裡，馴鯨師的主要工作就是跟這些鯨魚建立感情，讓牠們逐漸適應新的生活環境。在水族館待了一段時間之後，正常的馴服工作才漸漸開始。還記得那個鯨魚跳出水面很高的情形嗎？在剛開始的時候，馴鯨師只是在接近水池底的地方放了一條繩子，然後把食物放到繩子的另一面，這樣，當鯨魚每次游到繩子的另一面的時候，牠就可以享用一頓美餐。

過了一段時間之後，馴鯨師漸漸拉高繩子的高度，這樣，想要吃到自己的食物，鯨魚就必須稍微往高處游，就這樣，馴鯨師不斷拉高繩子的高度，鯨魚也不斷地拼命往高處游，直到有一天，馴鯨師把繩子拉到距離水面很高的地方，鯨魚也不得不拼命跳到距離水面很高的地方來獲得食物。

我們很少有人會意識到獎勵的威力會如此強大。在企業管理中也是如此。從本質上來說，「讚揚向員工傳達了一種肯定的信號，它會使得員工有動力去不斷重複相同的動作，並在環境發生變化的時候根據別人對其工作的反饋及時調整自己的行爲方式。

想想看，如果做一件事情能夠給你帶來表揚和肯定，而做另外一件事情卻只會讓你招致責備的話，你會選擇做哪件事情？答案是顯而易見的。

世界著名的化妝品品牌玫琳凱的創始人玫琳凱女士曾經說過，在這個世界上，除了性和金錢之外，每個人都需要兩樣東西：賞識和讚揚。

走進玫琳凱公司的總部大樓，最先映入眼簾的不是任何雕塑品，也不是公司的座右銘，而是那些曾經爲公司發展做出巨大貢獻的人物的照片。「獎勵和肯定能夠讓一個人再接再厲。」玫琳凱這樣說道。

讚揚不僅能夠幫助員工鞏固那些能夠爲自己帶來讚譽的行爲方式，它還會增大員工取得下一次成功的慣性能量。和物理上的慣性一樣，成功也是一種有慣性的現象，一次成功往往能夠帶來更多更大的成功。一次成功不僅能夠幫助一個人累積經驗，它還會讓這個人樹立更強的自信心，從而爲下一次成功做好準備。對於大多數人來說，他們的自信心高低基本上是根據別人對他們的信心水準而定的。

如果一個人周圍的人都對這個人有著很高的信任度，那麼這個人很容易就會確立高度的自信心，反之亦然。

一個已經被無數成功人士印證了的眞理就是：自信心對任何人在任何領域取得成功都是至關重要的。在一次接受採訪的時候，世界著名保齡球運動員史蒂夫把自己的成功歸功於自己的父親。「我記不得自己什麼時候失敗過，這都要感謝我的父親！」他說。在史蒂夫很小的時候，父親經常抽時間陪他做各種遊戲，無論他們一起玩什麼遊戲，史蒂夫最終總能得勝。記得他們第一次打保齡球的時候，父親讓工作人員在球道旁邊的溝槽裡也擺滿了球，當工作人員問他爲什麼要這麼做的時候，父親說道：「這樣他就能打中球了。」就這樣，每當史蒂夫在學習中取得任何進展的時候，父親總是會對他大加讚賞，無論他做得多麼糟糕，父親總是能夠從他的每一次考試或每一場比賽中發現他進步的一面。漸漸地，等到史蒂夫二十六歲的時候，他就已經成爲了身價數百萬美元的保齡球明星了。

「讚揚能夠讓人產生力量，只有自責才能夠眞正讓一個人感到恐懼。」鋼鐵大王卡內基說。「如果沒有鼓勵和讚揚，我的一生也不會有這麼大的成就。但我認爲最讓我高興的一次讚美來自格拉斯哥一家報紙的記者。他曾經聽過我在美國聖安德魯大廳關於家庭法案的一次演講，因此寫了很多關於我本人、我的家庭，尤其是我的外祖父托馬斯・莫里森在蘇格蘭廣爲流傳的故事。他說：『當我發現在講臺上莫里森的那個外孫，無論從姿態、氣度還是外表上看，簡直是一個老托馬斯・莫里森的完美翻版時，請試想一下我有多麼驚訝！』」

從團隊管理的角度來說，讚揚還有利於創造和諧的工作環境。一方面，那些善於讚揚別人的管理者能夠在團隊中發揮潤滑劑的作用，他們會讓那些受到讚揚的人感到心情愉快，從而有利於提高整個團隊的工作氣氛；而團隊工作氣氛的改善又有利於提高團隊的工作績效，並且產生一個不斷重複的良性循環。在美國西雅圖有一個世界聞名的派克魚市，來自世界各地的遊客們在來到西雅圖的時候總是會去參觀一下這個魚市，跟其他各地的魚市相比，派克魚市的最大特點就是：在那裡工作的每一個人都相當快樂。曾經對派克魚市進行過研究的管理學家斯蒂芬・倫丁這樣描述道：「人們喜歡相互誇獎對方，好像大家總是忘不了別人做過的那些值得誇獎的事情，誰不喜歡被別人誇獎呢？」在派克魚市，你經常會看到

漁販們把數斤重的大龍蝦和大金槍魚在空中丟來丟去，旁邊不時傳來一陣陣的叫好聲，日復一日，年復一年，這裡的人們就這樣快樂地工作著，他們的身影成了派克魚市的一道風景。

很多人都有一種莫名的心理障礙：他們似乎很難開口去讚揚別人，尤其是那些自己不是非常熟悉的人。出現這種情況的原因通常有三個，一個是因爲這種人性格比較內向，他們不願意讚揚別人，不願意隨便拍別人的「馬屁」；另外一個原因就在於，這種人非常孤傲，他們總是認爲自己才是最好的，即使對於別人做出的確實非常優秀的事情，他們也總是不屑一顧，因爲這種人相信，只要自己出手，就一定能比對方做得更好；不願意讚揚別人的第三個原因可能是因爲他們和對方存在著某種矛盾，而且這種矛盾甚至已經發展到了雙方互相不願意跟對方講話的地步了。

對於第一種情況來說，由於那些比較內向的人通常很少讚揚別人，所以如果他能夠偶爾讚揚一下某個人的話，那個人通常會感到非常受用，因爲這種內向型的人的讚揚往往是最值得珍視的；對於第二種人來說，孤傲的人必將十分孤獨，他們習慣於接受別人的讚揚，卻非常吝嗇自己的讚揚，所以從管理者的角度來說，如果能夠讓這種從事一些確實需要與人合作的工作的話，孤傲型人就會漸漸在工作中體會到別人確實有比較優秀的地方，在這種情況下，如果別人仍然能夠坦然跟他相處，並眞誠地稱讚他的長處的話，相信他很快就會放下身段，積極地跟別人合作；私人怨恨是工作場所中的致命病毒，它不僅會破壞良好的工作氣氛，而且會降低整個團隊的工作士氣，從而影響到團隊的工作效果，在這種情況下，管理者最好能夠找兩位當事人分別談談，找出問題的癥結所在，並進行開導，如果實在不行的話，管理者就應該告誡當事人，他們應當對由於私人怨恨所導致的任何問題負責。

經常讚揚別人不僅對整個團隊的發展有好處，而且還會對提出讚揚者本人的心理和生理產生積極的影響。美國加州大學洛杉磯分校的研究人員發現，那些經常讚揚別人的人自己心情通常也會非常愉快，因爲在讚揚別人的時候，他們經常會得到一些比較積極的回饋，基本上會對他們在工作和生活中遇到的很多壓力發揮一定的緩解作用，從而可以有效減少很多由於壓力而導致的記憶力衰退、血壓

升高等相關問題。除此之外，一個人在讚揚別人的時候經常會開懷大笑，而笑聲則具有一定的減壓作用，所以從這個角度來說，讚揚也是一種有百利而無一弊的行爲。

許多管理者都喜歡在年終總結或者是員工大會的時候才對那些表現優秀的員工進行表揚，其實這是一種相當不明智的做法。從心理學的角度來說，只有那些及時而眞誠的讚揚才能給被表揚的人帶來最大程度的心理滿足感，也才能發揮眞正的激勵效果。

相比之下，年終總結之類的表彰只會讓員工把關注點置於實際的獎勵之上，而忽略了到底是什麼給自己帶來了這份榮譽和獎勵——因爲對他們來說，那可能是很久以前的事情了。

在許多西方的速食店裡，評選「每月之星」都是一種非常流行的做法。通常在每一天工作結束的時候，速食店的管理者都會對那些表現特別優秀的員工進行一番表揚，並具體指出他（她）今天有哪些地方表現特別值得肯定，並給予一定的記分獎勵，等到一個月結束的時候，那些得分最高的員工就會被評選爲「每月之星」，被評爲「每月之星」的員工通常會獲得五百美元左右的獎勵，或者公司會提供給他一次週末和家人一起外出旅行的機會。毫無疑問，這對提高員工士氣發揮了很大的作用。

許多管理者不喜歡當衆表揚員工，從管理學的角度來說，這無疑又是一個通病。事實證明，當衆表揚不僅能夠給員工帶來更多的滿足感，而且還能夠有效地爲其他員工樹立典範的作用。在很多大型的跨國企業當中，管理者們都會在員工大會上安排一個特殊的頒獎，那就是對當年做出特殊貢獻的員工進行獎勵。雖然很多獎勵都只是一個獎盃或者一些證書之類的並沒有太大實際價値的物品，但它對員工所產生的激勵作用卻是不可小看的。

在進行讚揚或者獎勵的時候，一些管理者經常犯的一個錯誤就是，他們經常會做出一些自己無法兌現的承諾。這是一種非常危險的做法，它不僅不能有效地激勵員工，甚至還會發揮一種完全相反的作用。從一方面來說，它會讓員工對自己所在的組織失去信心——無論是對一個組織還是對於個人來說，言而無信都是一種應當被否定的行爲；另一方面，如果一位管理者經常向下屬做出一些承諾而

又無法兌現的話，他就會向公司員工傳達這樣一種信號：在這個組織當中，不遵守承諾是可以被原諒的。所以從本質上來說，這種行爲很可能會破壞員工的責任感，而沒有責任感的員工將毫無生產力可言。

關於如何進行讚揚，需要特別提醒的一點就是，對員工的讚揚一定要眞誠、要具體。在對員工進行讚揚的時候，管理者一定要表現得非常眞誠，千萬不要給人一種奉承或者是討好的感覺。而要想做到這一點，管理者在提出表揚的時候一定要給出具體的理由，要讓員工清晰地知道自己爲什麼會受到表揚，這樣不僅有利於他在原有的基礎上取得更大的進步，而且可以爲其他員工確立一個更好的標準，從而提高整個團隊的工作效率。相比之下，那些模模糊糊的讚揚往往並不具有太強的說服力，有時它甚至會讓員工以爲自己之所以會受到表揚，只不過是因爲那天上司的心情比較好罷了。

在對員工進行獎勵的時候，管理者還應當考慮到員工的具體工作情況和他的具體需要。對員工的獎勵和表揚既應該跟他的成績相稱，又應該跟那些得到獎勵的員工的願望相契合。常識告訴我們，那些最能接近人的心理需求的物品給人們帶來的效用是最大的。獎勵不僅僅是用物質上的量來衡量的，它還應當與人們的實際心理效用相關。比如說，有些公司會選擇向員工發放購物券來作爲員工福利，實際上，不同員工的購物習慣是不同的，而且由於購物券所能購買的商品種類一般都會受到一定的限制，所以這種福利方式通常並不會帶給員工太大的心理滿足，相比之下，那些發放股票或者是直接發放現金獎勵的做法會更受歡迎。

即便是同一種獎勵方式，管理者也應當考慮不同員工的不同需求。比如說如果公司準備對那些在工作中取得出色成績的銷售人員進行獎勵的話，對電話銷售人員和旅行銷售人員的獎勵應該是不一樣的，因爲對於那些常年坐在辦公室裡辦公的銷售人員來說，一次國外旅行可能是一種很好的獎勵，而對於那些經常在外地旅行的銷售人員來說，他們可能更希望能夠有幾天的帶薪假期，在這段時間裡好好調整一下自己。

在那些管理比較成熟的公司當中，人力資源部門常常會準備有一份種類多樣的獎勵計畫，其中包括多種獎勵形式以及各種不同獎勵形式的組合，在對員工進行獎勵的時候，管理者通常會積極地參考員工本人的意願，從而保證員工能夠從

公司的獎勵中得到最大限度的心理滿足。

激勵指數自測

1.想想看，你經常對自己的下屬員工進行表揚嗎？在日常工作中，你是善於挑他們的毛病，還是善於發現他們的缺點？

2.你是否曾經向員工做出過一些自己無法兌現的承諾？如果有的話，你最終是如何解決這個問題的？

3.在對員工進行表揚的時候，你最常用的形式是什麼？你喜歡當眾表揚員工嗎？

第七課
採取獎賞措施激勵員工

本課主要內容：

成功企業當中一些特殊的獎勵形式。

靈活對待員工的重要意義。

一些不用耗費資金的獎勵方式。

邁克爾·阿伯拉肖夫曾經於一九九七年到一九九九年間擔任美國太平洋艦隊主力導彈驅逐艦「本福爾德號」的最高指揮官。在擔任「本福爾德號」的三年時間裡，他成功地將這艘太平洋艦隊當中「裝備最爲優良，而管理最差勁，士氣最低落」的艦艇改造成爲整個太平洋艦隊當中的主力驅逐艦，阿伯拉肖夫因此被奉爲「來自美國海軍的管理專家」。在他的新書《這是你的船》當中，阿伯拉肖夫這樣說道：「幾年來，在每年參軍的二十萬名新兵當中，將近有七千人左右因各種原因而提前退役……如果說招聘一名新兵的成本是三萬五千美金的話，再加上對他們進行培訓所耗費的資金，以及這些提前退役的軍人對下一輪徵兵工作所造成的負面影響的話，美國軍隊每年因爲士兵流失所造成的損失將是難以估量的。」

相信企業界的管理者們對這一現象並不陌生，人才流失已經成爲當今企業界一個非常令人頭疼的問題。對於那些在職場上比較搶手的專業人才來說，企業往往很難用常規的獎勵和激勵方式來留住他們，因爲如果你的公司不能給出天價的薪酬和福利待遇的話，其他公司就很容易用稍微高出一些的條件來把這些「人才」挖走。在這種情況下，一個最有效而又不需耗費太多資金的辦法就是，改變公司的激勵方式，透過一些具體的激勵手段用最小的成本爲員工帶來最大的滿足，從而增加工作職位的誘惑力，最大限度地減少人才流失所帶來的損失。

許多人對於激勵都有著一個最常見的誤解：激勵就意味著花費大量金錢。事實並非如此。金錢獎勵是一種最直接也最原始的激勵方式，事實上，只要你的公司分配制度足夠健全而且足夠公正，你就很少會遇到員工因爲工資太低或者是獎金太少而離職的情況——很多有才華的員工之所以會離開，主要原因是因爲他們感覺自己無法施展拳腳、公司不能夠給自己提供足夠廣闊的平臺、公司在某些方面做得缺少人情味、現有的工作環境束縛了自己的創造力、公司的經營理念與自己的發展志向不合等等。

在談到物質獎勵的時候，許多管理者都會用這樣的話來誘惑那些自己渴望能夠得到的求職者：「我這裡保證能夠提供有競爭力的薪水，絕對不比其他公司給你的少。」管理者們爲自己的公司擁有這樣的實力而沾沾自喜，可是從求職者的角度來說，既然你只能夠提供「有競爭力」的薪水，他爲什麼一定要在你這裡工作呢？幾乎每隔一段時間，行業的薪資水準都會發生變化，所以那些有才華的員工經常會把只能提供「有競爭力的薪水」的公司當作暫時的發展平臺，一旦條件合適，他們馬上就會另謀高就。

眞正具有誘惑力的工作場所是那些能夠做到與衆不同的工作場所。對於員工們來說，在這種工作場所工作本身就是一件讓人愉快的事情，他們甚至會把得到這份工作看成是一種獎勵。要想做到與衆不同，就需要管理者去精心營造，他們有時可能需要像追求女友那樣絞盡腦汁來「討好」自己的員工，讓他們愛上這裡的工作，並心甘情願地竭盡全力使自己所在的組織得到更好的發展。

眞正精明而優秀的管理者通常會向員工提供一些頗具誘惑力的工作條件，在大多數情況下，他們只需要對工作場所的規定和安排進行一些小小的調動，就可

以達到以上的目的，這樣的例子不勝枚舉。

3M 公司鼓勵員工用15%的時間來進行自己的研究，在這段時間當中，員工們可以完全按照自己的興趣進行研究，即便他們的工作跟公司目前的發展毫無關係，公司管理者也不能進行任何形式的干涉。該規定不僅使得 3M 公司成爲世界上最具創新能力的公司之一，而且員工在這15%的時間所發明出來的許多產品都爲公司帶來了源源不斷的利潤。

美國最大的資料庫軟體公司甲骨文公司免費爲員工提供零食和飲料，在甲骨文公司的軟體研發部門，員工們不僅可以穿著牛仔褲到處走，而且可以隨時來到公司大廳裡吃點東西，每當公司實現一項銷售指標或者是技術上的突破，相關人員都會有機會到自己選定的任何國家度假一週，由公司提供所有相關費用。在每次度假結束之後，公司都會鼓勵員工把度假過程中的照片和有趣經歷發到公司內部網站上，跟大家一起分享。

在紐約華爾街的高盛集團，由於工作性質的原因，員工經常會加班到深夜，每當這個時候，公司管理者都會指派司機用自己的豪華轎車送員工回家。在矽谷的Netbridge公司，員工的婚假長達兩個星期，不僅如此，在員工結婚當天，公司管理者還會親自參加員工的婚姻，並向員工提供五百美元的禮金。

與衆不同的工作環境能夠爲員工創造與衆不同的工作體驗，而對於那些已經習慣了在常規的工作場所工作的員工來說，這種工作體驗往往對他們有著巨大的誘惑力。美國有一家名叫China Mist的茶葉公司，該公司的CEO丹・施維克命令手下員工把會議室的桌子換成了撞球檯。這聽起來是件小事，可是它卻對整個公司的企業文化產生了深遠的影響，給每個員工造成了一種完全不同的感覺——公司裡的氣氛改變了，每個人都幹勁十足。在開會討論的時候，大家開始把更多的精力用在思考眞正的問題上，而不再去關注那些毫無實質意義的形式。在評價這種變化的時候，一位員工這樣說道：「在緊張擁擠的環境裡工作了很多年之後，這份工作簡直像是在度假。」

亞歷桑納州有一家名叫《商務日報》的報紙，該報紙以其獨特的企業文化和細膩優美的報導風格而聞名全美，雖然該報紙在創辦之初是一家只有不到七個人的小型日報，但在經過了不到五年的發展之後，它已經成爲整個亞歷桑納州最重

要的商務日報之一。在跟企業諮詢專家戴爾進行的一次會談過程當中，報紙主編佩里介紹了自己公司獨特的企業文化：我們公司的一個最大特點就是我們的週五讀詩會。每到星期五下午三點鐘的時候，我們都會組織一次全公司範圍內的讀詩會，大家都會把自己創作或者是比較喜歡的詩歌拿出來一起分享，在讀完之後，聽衆將針對該詩發表一番自己的見解，一些人還會在週末的時候自己進行創作，然後在下一次讀詩會上朗誦給大家聽。我們每個人都把自己當成詩人，結果可想而知，我們新聞報導的風格自然與衆不同——當然，在進行報導的時候，我們也絕對不會因爲風格而影響了報導的眞實性。

在透過各種方式創造獨特的工作環境來對員工進行激勵的同時，管理者還可以透過改變員工的工作方式來對他們進行激勵。從組織行爲學的角度來說，無論怎樣的工作環境，都不可能完全滿足每個人的需要，因爲不同的人的生活和工作習慣總會有所不同，所以那些一味強求所有人都以同樣的強度、同樣的作息時間、同樣的工作方式開展工作的管理者無疑是不明智的。而另一方面，無論在任何組織當中，合作都是開展工作的基礎，所以在工作環境當中，相關的工作人員又必須學會進行良好的合作，這就要求管理者必須制定一份高效的組織規範，要求員工在很多方面，包括溝通方式、作息時間等，達成統一。這勢必就會在員工的個人習慣和組織規範之間形成一定的矛盾。

如何處理這種矛盾是出色管理者和一般管理者之間的主要差別。出色的管理者總是能夠在個人習慣和組織規範之間掌握好一個最佳的平衡。

二〇〇四年年初，日本一家公司針對員工的組織心理展開了一項調查，研究人員針對員工對工作場所的期待心理進行了問卷調查，結果發現，幾乎所有的員工都希望公司能夠對他們的工作時間實行彈性制，也就是說，他們希望公司能夠讓他們根據自己的個人情況確定工作時間——當然，他們並不反對每週工作四十個小時，事實上，他們只是希望自己能夠在早晨稍微晚一點到辦公室（當然，他們願意在晚上的時候把工作時間相對延長，這樣就可以保持每天仍然有八小時的工作時間），而且他們大多數人都相信，如果公司能夠給他們一個相對帶有彈性的工作時間的話，他們的工作效率肯定會大幅度提高。

史丹福大學教授是許多人夢寐以求的職位，因爲它不僅能夠提供頗具吸引力

的薪水，而且還會爲教授們帶來高度的社會認可和巨大的榮譽。可是著名經濟學家克雷格博士居然拒絕了這樣一個職位，而且更讓人吃驚的是，克雷格博士的這個決定居然是出於一個非常可笑的理由：有人告訴他，史丹福的校園裡不許養狗。對於克雷格博士來說，這可是一項無法容忍的規定，於是他決定放棄這次機會，而到了史丹福附近的一所學院擔任教職。

一些小企業由於實力有限，並不能爲員工提供優越的工作環境和豐厚的薪水，在這種情況下，爲了保留人才，它們的管理者們經常會採用一些比較獨特的管理方式，在爲員工創造獨特工作體驗的同時提高員工的工作效率。

麥奇公司就是一個很好的例子。這是一家位於南卡羅萊納州的小型保險公司。在剛開始的時候，爲了便於管理，公司的管理者將整個工作流程分解爲一整套簡單的生產線作業，事實上，由於它把每一項工作都分解得很細，以致於工作變得毫無挑戰性，很多工作人員漸漸感到無聊，在這種情況下，保險公司的工作自然變得毫無吸引力，爲了使員工重新對工作燃起熱情，公司CEO決定把所有的客戶資料集中起來，讓大家一起來負責這些客戶。採取這種做法之後，一方面由於每位員工可以接觸到更多的客戶，他們會對自己的工作產生一定的新鮮感，另一方面，由於每位員工在工作中偶爾出現的空閒時間都被有效地利用，所以整個公司的效率得到了提高，公司就可以讓員工每週只工作四天，而且還可以在夏天的時候爲他們放三週長假。不用說，這樣的工作環境顯然具有巨大的吸引力，公司員工的工作熱情再度被喚醒。

著名的德魯克基金會總裁弗朗西斯・赫塞爾本曾經說過：「人們總喜歡感覺自己所從事的工作是非同凡響的。」這種感覺往往能夠爲員工創造一套獨特的價值觀，使他們對自己的工作充滿神聖感，而一旦產生了這種感覺，員工自然就會對自己的工作產生高度的忠誠。許多人都喜歡在跟那些自己的同齡人相互比較的過程中實現對自己的價值判斷，在公司裡也是如此，在這種情況下，如果管理者能夠正確地引導員工們樹立正確的價值觀念，他們就很容易激勵員工做出更大的努力。我們常常可以看到許多公司每年都會舉辦銷售大賽，或者是出版公司的文字編輯們會舉辦挑錯別字比賽，其目的就在於此。

激勵指數自測

1.跟同類公司相比，你的公司爲員工提供了怎樣的工作條件？它有什麼與眾不同的地方嗎？

2.想想看，除了常規的獎勵方式之外，你還能想到什麼方法來獎勵那些成績出色的員工？

3.如果你是公司辦公室的一名普通職員的話，你會希望公司能夠在工作環境和工作方式上進行哪些改變？

第八課 如何更加有效地進行批評

本課主要內容：

在對下屬的錯誤進行責備之前，一定要核實每個細節性的事實。

在對下屬進行批評的時候，一定要清楚詳細地告訴對方錯在哪裡。

告訴對方你對這件事情有什麼看法和感受。

如何在責備之後進行激勵。

在回憶自己童年生活的經歷的時候，曾任紐約州州長的羅傑斯這樣說道：「我能夠取得今天這樣的成就，對我而言，功勞最大的應當是我童年所受到的一次責備。」

當有記者問他到底是怎麼回事的時候，他這樣回答：「我記得那是在我小學五年級的時候，有一天我跟同學們一起在操場上玩籃球，記不得到底是因爲什麼原因，只知道我跟一位同學打了起來，拳打腳踢，最後我們都受了傷。更倒楣的是，根據學校的規定，我們兩個人都要接受留校察看的處分，要知道，我本來成績就一直很差，對我來說，留校察看也就離退學不遠了。」

「可是後來你是怎麼成爲州長的呢？」記者好奇地問道。

「哦！這都因爲傑奇老師，」羅傑斯接著說道，「他先帶我去醫務室包紮好了傷口，然後把我叫到了他的辦公室，『羅傑斯，你意識到自己今天都做了什麼了嗎？你知道這樣會讓我有多傷心嗎？』然後他沈默了大約二十秒的時間，要知道，這可是我這輩子經歷過的最漫長的二十秒，好不容易等到他開口講話了，可是你知道他說了什麼嗎？『我沒想到你會這麼做，羅傑斯，眞的。我一直覺得你是個很努力的孩子，雖然你現在成績不大好，但是我始終相信有一天你會超越所有的同學！』」

「你可能無法想像我當時的感受，我從來沒有想到過有人會對我說這樣的話，要知道，在此之前，我以爲所有的人都對我失去了信心，可是傑奇老師讓我感到了希望……」

每個人都會犯錯，所以優秀的管理者不僅知道如何表揚人，還應該知道如何去向自己的下屬提出批評。當發現下屬犯錯的時候，很多管理者都會根據公司的管理規定對犯錯誤的員工進行相對的懲罰，那些脾氣比較急躁的管理者還會把員工叫到自己的辦公室裡大罵一頓，有時甚至會對員工進行一番人格上的侮辱。在很多辦公室裡，我們經常可以聽到許多上司對自己的下屬發出這樣的訓斥：這麼簡單的事情怎麼都會做錯呢？

我記不得自己跟你說了多少次了，可是你怎麼就是不聽呢？你耳朵放哪裡去了？

如果再這樣的話，馬上給我滾蛋！

你長腦子做什麼用的啊？

我真懷疑你到底有沒有長腦子？

……

這樣的批評根本不能解決任何問題，它不僅嚴重損害了員工的自尊心，還會使得員工在往後的工作中繼續犯同樣的錯誤，並漸漸使他們不願意在自己的工作當中進行任何嘗試，承擔任何責任，以致最終變得畏首畏尾，毫無活力。

可是從另一方面來說，如果管理者能夠對員工進行批評之前考慮到以下幾個問題的話，情況很可能就大不相同。

首先，管理者應該在對下屬進行批評之前核實每個細節性的事實。錯誤的指控會使得整個批評毫無說服力，而且非常可笑，從員工的角度來說，當他們覺得自己的上司把很多不屬於自己的錯誤歸咎於自己的時候，他們就會覺得上司是在發洩私人怨氣，或者只是在拿自己當代罪羔羊罷了，嚴重的情況下，他們甚至會對上司的能力和個人素質產生懷疑。

喬曾經在美國一家著名的物流公司擔任生產部經理，他是一位非常有決斷力的人，思維敏捷，處理問題的時候反應極快，常常能夠在衆人對一個問題冥思苦想的時候提出一些頗具啓發性的解決方案，所以他的上司們都認爲他是未來被提拔爲公司供應部總監的最佳人選，可是在最近公司的一次人事變動當中，喬卻並沒有獲得提拔。這到底是怎麼回事呢？喬決定去向自己的上司問個明白。「公司管理層對你非常滿意，包括我在內，」上司鮑勃告訴他，「可是問題是，你的下屬好像對你並不滿意。事實上，公司管理層在針對這次人事變動所進行的調查當中，幾乎所有你的下屬都對你在『工作風格』一欄中給了你很低的評價。很多人甚至還在後面註明自己希望能夠儘快調離你所在的部門。」

「我覺得管理層不能過於聽信這幫人的話，」喬有點沈不住氣了，「他們都是些喜歡在背後議論人的傢伙，自己不努力工作，卻總是喜歡嫉妒別人……」

「等等，喬，你經常這樣對他們說話嗎？」鮑勃打斷喬道，「就像你剛才說話的樣子？」

「是的，我從來不會對他們假裝和藹，我覺得這樣也是爲他們好！」喬似乎有些爲自己的坦率而得意。

「或許這就是問題所在，喬！」鮑勃說道，「想想看，你能否給我舉個例子，比如說，在你的下屬當中，有哪些人是屬於喜歡嫉妒人的，你能提出一個具體的實例嗎？」

「一時之間，我也想不起來，不過，我感覺他們當中確實有很多這樣的人……」

從喬的故事當中，我們可以看到，喬是一個喜歡批評下屬的人，不僅如此，而且在對下屬進行批評的時候，他常常並不會提出具體的原因和細節，在他看來，只要他「感覺」到自己的下屬具有某種惡劣素質，那就足以構成對他進行批評的

條件了。

優秀的管理者顯然不會這樣做。相反，在必須進行批評的時候，他們總是會對下屬進行極具針對性的批評，而且他們會在進行批評之前詳細核實每個細節，確保自己即將批評的人確實應該負有一定的責任。在批評下屬的過程當中，他們還會詳細地告訴下屬自己希望對方做出怎樣的改進，因爲只有這樣，他們的批評才是眞正具有建設性的。

善於批評的管理者大都明白，批評本身並不是目的，進行批評的眞正目的在於透過批評打動對方，從而達到矯正對方行爲的目的。在著名的人力資源管理作品《一分鐘經理人》當中，管理大師肯・布蘭佳（Ken Blanchard）提出了著名的「一分鐘批評法」，在他看來，要想做到眞正有效的批評，管理者應該：

1.提前告訴人們你希望他們在完成工作的時候達到一個怎樣的水準；

2.在對方犯下錯誤之後立即提出批評；

3.明確告訴對方他們錯在哪裡，並讓對方知道你對此事有著怎樣的看法；

4.在告訴對方你的看法和感受之後，沈默一段時間；

5.向對方表示你只是針對這件事情而對他們進行批評，在你的心目中，他們本人還是非常優秀的；

6.批評過後，馬上忘記對方所犯的這個錯誤，不要讓它影響到你在未來所做的任何判斷。

從相反的方面來說，如果管理者在對下屬進行批評的時候不能明確地指出對方到底錯在哪裡，對方很可能會再次重複同樣的錯誤，批評者所進行的批評實際上是毫無意義的。

進行批評不僅要詳細指出對方的錯誤，而且要及時，要在一個人犯下錯誤之後立即對他進行批評。這樣做的理由主要有兩點：首先，立即進行批評可以在對方對剛剛發生的事情還記憶猶新的時候意識到自己的錯誤，從而發揮很好的矯正效果；其次，立即進行批評還可以避免對方繼續重複同樣的錯誤，特別是對於那些可能會給企業造成巨大損失的錯誤，尤其應當如此。

就像我們剛才講過的，批評的目的在於矯正行爲，而實際上，在現實生活中，當很多管理者在看到自己下屬犯了某個錯誤的時候，他們並不會立即進行批

評——他們喜歡把錯誤積攢起來，然後來一次總爆發。通常情況下，這些管理者在進行批評的時候，喜歡歷數下屬所犯的所有錯誤，然後把這些錯誤歸結爲下屬的某項個人素質，比如說「懶惰」、「愚蠢」或「馬虎」等等。

在展開批評這個問題上，對於有些管理者來說，他們最主要的問題是敢於面對自己。因爲在有些情況下，爲了展開有效的批評，管理者需要克服自己心理上的輕微障礙——畢竟，批評必然會導致一種對抗情緒，而這種情緒是每個人都不願意面對的。想想看，如果你是一位管理者的話，你願意自己的下屬每天都害怕見到自己嗎？或者說，你希望自己的下屬每天在心裡對你充滿仇視嗎？這正是許多管理者不願意對下屬及時進行批評的原因所在；在他們看來，只要下屬的工作還說得過去，他們就懶得去糾正下屬的行爲。結果呢？這種做法只會導致更深層次的對抗；當下屬一再重複自己的錯誤，而管理者最終也忍無可忍的時候，下屬會因爲自己的錯誤而誠惶誠恐，管理者也必將爲下屬所犯的錯誤承擔更大的責任，而且最重要的是，管理者此時常常已經跟下屬站到了對立面上。

克服害怕批評的心理的一個有效做法是改變對批評的看法。組織行爲學者們認為，批評是一種共同進步的方式，它的主要作用在於幫助組織內部成員協調彼此之間的關係和行為方式，從而使合作的效用發揮到最大水準。

對於不同的組織成員來說，相互指出對方的錯誤可以有效地使組織成員所犯錯誤的成本降到最低，因為在這種情況下，一旦一位成員犯了一種錯誤，其他成員便可以避免再犯類似錯誤，而且如果批評者能夠掌握正確的批評方法的話，提出批評不僅不會破壞組織成員之間的關係，而且還可以使彼此之間的關係更加和睦。

除了上面所說的批評方法之外，管理者在進行批評的時候還應當注意的最後一點就是，一定要針對受批評者所犯錯誤本身展開批評，而且在批評完畢之後，一定要對受批評的人進行鼓勵，使對方意識到他們自己完全有能力改進自己的工作方式，而且自己並沒有因為一次錯誤而受到上司的輕視，上司對自己還是抱有很高的期望的。

要想做到這一點，除了在批評完畢之後對對方進行一番鼓勵之外，還有一種有效的做法就是，不斷對對方所取得的進步進行讚揚。

萊恩是美國最著名的銀行之一的富國銀行（Wells Fargo）的一位經理。他在業內以善於發掘和培養人才而著稱。早在美國銀行業變革開始之前，他就已經預見到了即將到來的變革，並決心爲此做好積極準備。萊恩的準備工作之一就是儲備人才，在這個過程當中，萊恩透過有效批評爲銀行培訓出了大批人才。他的一個做法就是現場追蹤。每個星期，萊恩至少都會在銀行營業大廳裡待上三個下午，在這個過程當中，他會細心地觀察工作人員的一舉一動，並隨時對他們在工作中所出現的問題進行更正。

有一天下午，由於櫃檯前的顧客比較多，一位老太太等的有些不耐煩了，她開始左顧右盼，顯出一副焦慮的樣子。可是銀行的櫃檯工作人員戴安娜顯然並沒有注意到這一點——她居然在那裡向一位顧客推銷起了銀行的一項新服務。看到這種情形，老太太更加不耐煩了，正當她準備大發雷霆的時候，萊恩走上前去，告訴戴安娜：「妳看到後面還有一位女士了嗎？幸虧她是個好脾氣，如果我是她的話，我早就發火了。」

戴安娜正要辯解，萊恩馬上接著說道：「我知道妳正在向這位先生介紹我們最新推出的一項服務，問題是，這份工作可以交給我們的諮詢人員去做，妳現在最主要的工作是服務好櫃檯前的顧客，不是嗎？我知道妳是一位忠誠敬業的好員工，但如果妳能稍微調整一下工作程序，那就更好了。」萊恩的一番話讓戴安娜和那位老太太心裡都平靜了下來，在接下來的五分鐘內，戴安娜很快處理完了老太太的業務，當老太太準備向她詢問其他業務的時候，戴安娜說道：「關於這個問題，我建議您諮詢一下右邊櫃檯的那位先生，我相信他能夠給您更好的答覆！」

就在一天工作即將結束的時候，萊恩再次來到了戴安娜的座位旁邊，對她說道：「我注意到妳今天下午的表現了，真是棒極了！看得出來，妳非常善於學習新的東西，在我像妳這麼大的時候，上司要批評我三次，我才能改正一項錯誤，妳做得好極了！」

正是由於有了萊恩這樣的經理，富國銀行的業績一路上升，不僅在三年之內輕易打敗了許多實力雄厚的大銀行，而且許多出自這家銀行的管理者最終都成了其他公司的第一把交椅，有趣的是，由於富國銀行的許多管理人員都被美洲銀行挖角做了管理人員，結果人們發現美洲銀行裡充斥著富國銀行的前任管理人員，

以致於最後人們開始把美洲銀行稱爲「美洲富國」了。

激勵指數自測

1. 在對下屬提出批評的時候，你會事先核對每一個細節嗎？
2. 在對下屬進行批評的時候，你批評的是對方的做法還是對方本人？
3. 你經常批評自己的下屬嗎？
4. 在批評完下屬之後，你經常對他們的人格進行肯定，並對他們提出更高的期望嗎？
5. 跟你的下屬談談心，問問他們，他們希望你能夠怎樣對他們的錯誤提出意見和建議？

第九課

員工失敗後怎麼辦

本課主要內容：

為什麼要鼓勵員工學會失敗？

幫助員工不因失敗而放棄信心。

如何在幫助員工面對失敗的同時不放棄對他的更高期待？

在一次競標活動當中，IBM公司的一位銷售經理犯了一個巨大的錯誤，根據華爾街的估計，他的這個錯誤將給IBM帶來至少一千萬美元的損失。事情發生之後，這位經理一直忐忑不安，感覺自己的前途一片灰暗，「看來他們很可能會開除我，我想他們一定會的。」在給朋友的一封電子郵件當中，這位經理這樣寫道。

這一天終於到來了，一大早，剛來到辦公室的他接到了上司的電話，「請你到我的辦公室來一下，我有件重要的事情要向你宣佈！」上司的聲音裡透著一股嚴肅。

「終於來了！」經理長歎了一聲，很快來到了上司的辦公室。「我想我可以理解你們為什麼要開除我！」

「開除你？」上司失聲說道，「開什麼玩笑？我們剛爲你交了一千萬美元的學費？你要在下一次競標活動中把這筆錢給公司掙回來！」

美國總統羅斯福曾經說過：「在這個世界上，唯一不犯錯誤的人，就是那些從來不去嘗試做任何事情的人，凡是嘗試，必有失敗。」在政治領域如此，在商業活動當中更是如此。許多管理者不能容忍失敗，經常把某個專案的失敗歸咎於某位員工，並將其開除解雇。結果這種做法不僅不能解決任何問題，而且徹底打擊了這些員工的自信心，並在根本上摧毀了那些仍舊留在公司的員工進行嘗試的勇氣。

在優秀的管理者們看來，失敗和成功一樣，都只是進行嘗試的一種可能的結果而已。只要一個人能夠盡力嘗試，無論成功還是失敗，他都能夠從自己做一件事的過程當中有所收穫。世界著名的玩具設計公司IDC公司創始人戴維曾經爲公司訂下一條原則：獎勵成功與失敗，懲罰無所作爲。之所以會這麼規定，是因爲戴維相信：凡是進行過嘗試，並爲之付出過努力的人，總是希望能夠取得成功，他們之所以沒有取得成功，可能會有很多方面的原因，但無論如何，管理者都不應該讓進行這次嘗試的人承擔失敗所帶來的所有後果，因爲，很可能管理者本人也正是導致這次失敗的原因之一。

失敗本身孕育成功的例子不勝枚舉。現今已經成爲醫學界常規做法之一的CPR（全稱爲Cardiopulmonary Resuscitation，心肺復甦術）就是在一次醫療事故中被發明出來的。當時是二十世紀五〇年代早期，在堪薩斯城的一家醫院，有一位名叫唐・庫珀（Don Cooper）的實習醫生，有一天，在給病人檢查身體的時候，庫珀發現病人非常不配合，於是他在一位主任醫師的建議下給病人注射了一針鎮靜劑，然後又把他送到了一位心理醫生那裡。稍微懂得醫學常識的人都知道，在注射鎮靜劑的時候，最關鍵的是要把握好注射的速度，如果注射速度過快的話，就會給病人帶來致命危險，由於病人在注射過程中表現得非常激動，所以慌亂之中，庫珀把所有的鎮靜劑一下子全部注射到病人的體內，病人馬上倒地身亡。

看到這種情形，庫珀被嚇壞了，要知道，如果這位病人死在他手裡的話，他的整個職業生涯就等於完全結束了。可能是出於懊惱，庫珀用力在病人的胸部打了一下，沒過一會兒，他突然驚喜地發現病人的心臟又開始跳動了……後來，人

們對這一現象進行了研究，並由此發明了心肺復甦術。

大多數人之所以不願意失敗，是因爲他們總是把失敗看成是一種最終的結果，認爲失敗就意味著自己的方法有問題，或者是自己的能力不夠，或者是自己的初衷就是錯誤的等等。事實上，大部分的成功人士都是從失敗中取得成功的，而且他們也從來不會把失敗看成是一種行爲的最終結果，而只是把它當成是一個過程，一次矯正自己行爲的機會。

在以善於創新而聞名世界的IDEO設計公司，設計師們每年都會向公司管理層提交大約超過三百個創意，在這些創意當中，有兩百七十個以上會當場遭到否決，即便在剩下的三十個左右的創意當中，能夠成爲商品被介紹給客戶的也只有大約十個，而最終在這些創意當中，能夠給公司帶來利潤的一般也只有一兩個左右，也就是說，設計師們的創意有99％以上都是失敗的。但這並沒有影響到設計師們的信心，一方面是因爲他們早已在心理上對這種結果有了準備，另一方面是因爲公司管理者也從來不會根據一名設計師失敗了多少次來判定一個設計師的能力——他們相信，眞正重要的是他成功了多少次。

成功的管理者永遠不會用下屬員工失敗的次數來判定他的能力高低，因爲他們相信，眞正能夠決定一個人命運的，不是他失敗了多少次，而是他最終取得了怎樣的成功，而對於那些敢於不斷嘗試的人來說，不到取得成功，他們永遠不會停止嘗試。

成功的管理者既不會根據員工失敗的次數來判定他的能力，也不會因爲員工失敗了一次而讓他停止繼續嘗試。就好像本課開頭所談到的那個例子一樣，優秀的管理者總是會把下屬員工的每一次失敗當成是一次學習的機會，會把員工給公司帶來的損失看成是一種學習的代價。

那些不懂得幫助自己周圍的人坦然面對失敗的人，永遠無法眞正激勵自己周圍的人取得更大成功，從而也就無法成爲優秀的管理者。從另一個方面來講，他們對於失敗的指責和批評會使得人們漸漸變得畏首畏尾，最終使得整個組織毫無創新意識和開拓精神，也就毫無生機和活力。

敦刻爾克大撤退可以說是英國歷史上最大的一次大潰敗。一九四〇年五月底，一直在東歐部署部隊的希特勒突然撕毀跟英國的和平條約，並在很短的時間

內掉轉槍口，把矛頭指向了駐守在法國北部的英國部隊。短短幾天之內，德國的裝甲機動部隊以迅雷不及掩耳之勢殺向敦刻爾克，氣勢洶洶，大有一舉殲滅英軍之勢，而相比之下，當時駐守在敦刻爾克的英軍大部分都是沒有接受過嚴格訓練的二流部隊，面對希特勒閃電般由天而降的陸空圍剿，他們唯一的選擇就是從海上撤退。

據那些生還下來的老兵說，撤退當天，敦刻爾克的海域成了一片沸騰的地獄，幾乎整個英國的船隻都被動員了起來，實在無法擠上甲板的士兵被沖到海裡，抓著船舷游向大西洋，留在岸上，來不及撤退的英軍瞬間被炸得血肉模糊……

最終英軍所有的軍械裝備都被德軍掠走，三分之一的英軍因爲沒有來得及撤退而喪生，但大部分主力部隊得以生還。在英國新任首相邱吉爾的國情報告當中，他把這次撤退描述爲一次「偉大的行動」，他的報告中寫道：「我們將堅持到最後，我們在沙灘上抗爭，我們在田野和街道上奮戰……我們絕不投降。」事實證明，雖然英軍在這次撤退中遭遇到了慘痛的損失，但英國人民的士氣反而因爲邱吉爾的激勵而愈發高漲起來。

心理學研究表明，當人們遭遇失敗的時候，他們的自信心可能會達到最低點，在這種情況下，他們的判斷力很可能會受到一定的影響，也最容易受到外界的影響。這時如果管理者對他們進行打擊和否定的話，他們的自信心很容易會受到嚴重影響，其嚴重的程度甚至會超出管理者最初的判斷；而另一方面，如果管理者能夠對他們進行鼓勵，讓他們學會不因失敗而放棄信心的話，他們也很容易走出失敗的陰影，並開始靜下心來，分析自己的失敗，並從失敗中吸取經驗教訓。

在自己的職業生涯早期的時候，傑克・威爾許曾經把美國奇異公司內部對待失敗的態度描述為「奇異漩渦」。一九六三年，他所領導的匹茲菲爾德實驗工廠發生了一起爆炸事故，爆炸產生的氣流把實驗室所在樓房的房頂沖上了天空，樓房頂層的所有玻璃都被震了個粉碎。這起事故發生之後，美國奇異的高級管理層對此感到震怒，可是讓傑克・威爾許感動的是，他的直屬上司查理・里德並沒有表現得特別激動，相反，當看到威爾許走進辦公室的時候，他的第一個問題就是，「你從這次爆炸學到了什麼？你能夠把我們的反應器程式修理好嗎？」

查理的行為給威爾許留下了深刻的印象，在回憶這件事情的時候，威爾許說

道：「當人們犯錯誤的時候，他們最不願意看到的就是懲罰，這時最需要的是鼓勵和自信心的建立，而且首要的工作就是恢復自信心。我想，當看到別人遇到不順或者挫敗時，人云亦云是最不可取的行爲。」

即便對於那些聰明過人，而且總是充滿自信的管理者來說，當他們在遭遇失敗的時候，他們也希望能夠得到周圍人的鼓勵和支持。否則的話，管理者的打擊會在他的身上形成一個可怕的漩渦，順利的時候，他會一直做得很出色，對自己的決定也總是充滿信心，一旦犯了錯誤，他就會開始對自己的能力產生輕微的懷疑，在這種情況下，如果他的上司再對他表示懷疑或者是貶斥，他很容易就會亂了陣腳。而對於一位正在成長過程中的員工來說，這是一件非常可怕的事情，它就像是一個惡性的漩渦，不知不覺地把一個人對未來的信心全部吸走。

一個人的成功可能會有很多種原因，但一個缺乏自信的人是永遠無法取得成功的。優秀的管理者不僅應該讓那些失敗的下屬員工不至於對自己喪失信心，他還應該讓下屬繼續不斷嘗試，繼續對未來保持期望。眞正能夠毀滅一個人的不是失敗，而是對失敗的恐懼，是因爲失敗而不敢再去嘗試的心態。在對下屬進行激勵的過程當中，管理者需要做的就是幫助他們改變這種心態。

優秀的教練總是能夠在運動員跌倒之後再把他扶起來，然後大聲吼著讓運動員再多跑一圈。管理者對下屬也是如此。在你的下屬經歷一次挫折之後，除了要幫助他重新站起來，並拍掉身上的塵土之外，你還要設法讓他知道，你並沒有因爲他的一次失敗而對他喪失信心，也相信他一定能夠取得成功，你要告訴他，你並沒有把他的這次失敗放在心上，因爲你所看到的，並不是最終的結果。

每一次失敗都要付出代價，但對於那些承受得住失敗考驗的人來說，每一次失敗也都能給他們帶來比成功更大的收穫——畢竟，對於大多數人來說，一次刻骨銘心的教訓要比一聲讚揚和誇獎更難以忘記。

著名的激勵大師安德魯・卡內基最喜歡跟那些前來向他求教的人講一個故事。故事的主角是一個半生潦倒的年輕人，在他很小的時候，因爲家境貧寒，他只讀了一年書，就輟學在家，自小就幫助父母砍柴、割草、開荒、種莊稼，這種生活一直持續到二十七歲那年。即便如此，這位年輕人一生還是經歷了無數的挫折和失敗。在他三十一歲那年，他在商場上經歷了一次慘敗，幾乎失去了所有積

蓄；三十二歲那年，他競選州議員失敗；三十四歲那年，他終於當選州議員，就在之後不久，他的妻子因病去世；三十六歲那年，他因爲過度傷心和過大的精神壓力而陷入精神崩潰；三十八歲那年，他競選議長，結果以失敗告終；四十六歲那年，他終於當選國會議員，兩年之後，他就被踢出國會大門；五十歲那年，他競選參議員，最終失敗；五十八歲的時候，他再次參與競選參議員，結果仍然以失敗告終。就是這樣一個屢受挫折的人，最後在一八六〇年當上了美利堅合衆國的總統，並最終領導美國人民完成了一場改變國家命運的偉大革命，他的名字就是林肯。

一百多年來，林肯的故事激勵了一代又一代的人，然而很少會有人站在當時林肯周圍的那些人的角度想一想。毫無疑問，我們不可能要求所有的員工都擁有和林肯一樣的素質，但不難想像，如果在林肯失意的時候，所有人都對他喪失信心的話，他就不可能取得以後的輝煌，有人曾將林肯的品格評價爲「天鵝絨與鋼鐵的組合」，但在林肯鋼鐵般意志的背後，是衆人對他的支持和信任。

激勵指數自測

1. 你最近一次經歷的失敗是什麼？你當時最希望得到的評價是怎樣的？

2. 在你的直屬員工中，近期有沒有遭遇失敗？如果有的話，你準備對他（她）說的第一句話是什麼？

第十課

尋找最模範的員工：成功故事的力量

本課主要內容：

為什麼管理者需要學會利用成功故事的力量？

在應用成功故事的過程中應該注意哪些事項？

一些成功的故事

在一次畢業典禮上，一位哈佛大學校長這樣對自己的畢業生們說道：「無論你們在過去的學習中取得了怎樣的成就，你們都有理由對自己的未來充滿信心。」

當他的學生們問他爲什麼這樣說的時候，這位校長笑了笑說道：「因爲在過去的四年當中，你們一直生活在一個能夠與柏拉圖爲友的地方，能夠成爲你們榜樣的，都是一些有資格成爲全人類榜樣的人！毫無疑問，在成功者周圍耳濡目染了四年之久的人，在未來也一定能夠取得成功！」

根據美國著名心理學家、組織行爲學家赫倫的觀點，人都有一種相互攀比的心理，當人們看到自己周圍的人在某件事情上取得成功的時候，他們贏的欲望會被立即激發起來，而且這種欲望通常會在隨後的行爲當中得到非常明顯的體現。

偉大的領導者通常都是偉大的說服者，而說服的一個重要手段就是榜樣。企業管理者也是如此，在進行企業管理的過程當中，優秀的管理者總是能夠積極地利用那些成功的事例來說服自己的下屬員工努力地爲企業做出貢獻。爲了達到這個目的，評選優秀員工就是一種最爲常見的做法。

無論在任何組織或者是企業當中，優秀員工或組織成員都代表著一種強大的力量，一方面是因爲這些人本身通常都具有極強的生產力，他們大都在自己的工作崗位上做出了優異的成績；另一方面也是因爲這些人能夠在自己周圍形成一種強大的氣氛，可以不斷促使自己周圍的人更加努力地工作，使自己的工作達到一個比較高的標準。所以無論對於任何企業來說，優秀員工都是一筆寶貴的財富。

從心理學的角度來說，在進行攀比的時候，人們總是喜歡和那些生活環境或個人背景都跟自己非常相似的人進行對比。所以如果一名員工看到另一名跟自己在各方面都平等的員工，因爲做了某事而受到表揚的時候，他就會有動力去重複那名員工的動作——這也正是優秀員工的榜樣作用所在。

特別是在那些需要員工每天都時刻警惕自己的業務能力的企業當中，優秀員工的作用更爲明顯。漢堡王就是一個很好的例子。在美國，幾乎每個城市都有幾家漢堡速食店，由於在這些速食店工作的員工每天都要接觸大量的顧客，所以幾乎他們每一分鐘的表現都會影響速食店當天的業績，也就是說，要想使自己的速食店保持好的業績，商店的管理者需要激勵自己的員工時刻注意自己的服務品質。在這種情況下，評選每日優秀員工無疑是一種非常有效的做法。

在漢堡王，員工每天下班之前都會對自己的工作進行一番總結，然後速食店經理會根據自己當天的觀察和員工評選的結果宣佈當天的優秀員工名單，不僅如此，他還會告訴大家爲什麼這些員工會被評選爲當天的優秀員工，他們的哪些行爲是值得肯定的，具體做法是怎樣的，以及店裡將給予他們怎樣的獎勵。結果這些店經理們很快發現，往往是幾天之內，這些優秀員工的做法就會被所有的同事複製，就這樣，沒過多長時間，那些曾經「優秀」的做法成爲了標準做法，於是他們就會在此基礎上發掘出一些新的、更加優秀的做法，然後按照同樣的方式進行表揚和肯定，於是沒過多久，員工們的工作水準又達到了一個更高的水平，就這樣，透過不斷地評選新的優秀員工，並推廣這些員工的做法，整個速食店的作

業水準不斷從一個高度上升到另一個高度。

我們之所以建議管理者利用成功故事，另外一個原因就在於它實際上可以發揮爲員工確立個人目標的作用。一個成功的故事實際上反映了一套價值體系，尤其是那些成功人士的故事，更是如此。因爲通常情況下，這些成功人士的故事會講述他們擁有怎樣的素質，他們怎樣在自己的生活和工作當中體現出這些素質，以及他們是如何用自己的這些素質去影響自己周圍的人的。

戴爾・卡內基是西方世界最偉大的成功學導師之一，上個世紀三〇年代，整個美國因爲經濟不景氣而陷入前所未有的危機，人們普遍對未來喪失信心，社會中各種不平等以及戰爭的陰霾都在磨滅著人們的心靈，整個社會一片灰暗。在這種情況下，戴爾・卡內基對大量成功人物的故事進行了研究，從而形成了對人性的深刻洞見，隨後他透過著書、演講等方式，不斷將普通人經過努力取得成功的故事，喚醒了無數讀者和聽眾的信心和鬥志，激勵他們爲自己的前程奮鬥，不斷取得新的成就和輝煌。

成功故事之所以能夠有效發揮激勵作用，另一個原因就在於它能夠透過員工的右腦，不知不覺地影響到員工的日常工作和行爲方式。我們都知道，人的大腦分爲左右兩個半球，其中左半腦負責掌管人的理性思維，使人們能夠進行邏輯推理、數學計算等思維活動；而與此同時，人的右半腦則負責掌管人的感性思維，使人們能夠進行想像、感動等思維和情緒活動。在普通人看來，很多人只相信那些能夠經過邏輯推理來證明的事情，所以他們相信理性，認爲只有理性的東西才是最有說服力的。但是心理學家們的研究結果卻表明，事實上，感性的東西往往更有說服力，因爲在很多情況下，人們常常並不是因爲某件事物能夠從道理上講得通才去相信它，對於大多數人來說，他們會毫無理由地去接受某個理念或者是某件事物——相信我們每個人都會有過這樣的經歷。

這不是一本講述心理學的專著，所以我們沒有必要在此花費大量篇幅講述爲什麼許多崇尚理性的人也會常常做出很多極爲感性的決定。我們需要知道的是，由於人都具有感性的一面，所以極富形象性和情節性的故事往往能夠有效地使人們在心目中構成形象畫面，從而激發他們的右腦思維，並最終促使他們改變自己的行爲，使其朝著故事中人物行爲方式的方向發展。

在卡內基的書中，他曾經講述過一個關於如何克服自卑的故事。故事的主角名叫愛默生・托馬斯，由於身材過於瘦小，長相醜陋，而且在各種比賽中成績都比較差，所以他被同學譏笑爲「馬臉」，他當時的自卑心理可想而知，在一次演講當中，愛默生這樣描述自己當時的情況：「我不喜歡見任何人……一天二十四小時，我時刻都因爲自己的身材而自卑不已，我沒有時間想任何事情，我的尷尬與恐懼實在無法用語言來表達。」

在愛默生年輕的時候，由於家境貧寒，他的父母無力送他去上大學，所以愛默生就必須自己想辦法，他利用業餘時間，開始捕捉一些小動物去出售，等攢了一點錢之後，他又開始養豬，就這樣，兩年之內，愛默生積攢了四十美元的學費。

在學校的時候，爲了節省開支，愛默生穿著媽媽用父親的舊外套改裝的外套和父親穿過的破皮鞋，更嚴重的是，由於內心極度自卑，愛默生總是不好意思跟其他同學打交道，整天一個人躲在房間裡溫習功課……四年之後，剛好滿十九歲的愛默生卻已經做了二十八場演說，並在一次演講比賽中贏得了冠軍。大學畢業後，愛默生進入一家律師事務所，負責處理印第安保留區的問題，並先後在州議會和下議院工作了十七年之久，五十歲那年，他成了俄克拉荷馬州的州議員，不久之後，他成為美國國會議員。

這應該是最典型的成功故事之一了，它幾乎涵蓋了成功故事的所有元素：低起點，高成就，以及中間過程的痛苦與掙扎。這樣的故事之所以能夠廣為流傳並發揮巨大的激勵作用，其根本原因就在於它能夠在讀者的心目中引起強烈的共鳴，使他們能夠從故事當中找到自己的影子，並且不知不覺的將自己與故事中的人物對照起來。毫無疑問，對於那些正陷入人生低谷，而並沒有對未來喪失信心的年輕人來說，這樣的故事所發揮的作用是非常巨大的。

在企業管理當中，成功故事也可以發揮同樣的激勵作用。我們在本書的前面曾經講過，玫琳凱公司總部的大廳裡掛的不是公司的座右銘，也不是創始人的相片，真正在大廳裡最引人注目的，是那些在全球各地的玫琳凱分部取得優秀業績的員工；不僅如此，在公司內部的經驗交流會上，那些業績優秀的員工還會得到極大的尊重，被追捧為公司裡的明星人物，成為其他員工紛紛模仿的對象，而這些員工的故事也會在最短的時間內被廣泛地傳誦——一方面是因為員工的工作有

很大的雷同性，所以人們很容易從這些優秀員工身上看到自己的影子，另一方面是因爲這些優秀員工所得到的待遇是其他人看到的希望和目標。

除了以上我們談到的幾點之外，成功故事能夠發揮激勵作用的最後一個原因是因爲它比較容易在公司內部廣爲流傳。畢竟，人類有一種微妙而眞實的心理：我們都想知道別人的生活是怎樣的。每個人都有好奇心，對於那些能夠反應其他人生活內容的細節性資訊，我們總是抱有無盡的興趣。

要想眞正發揮激勵作用，成功故事就必須在公司範圍內得到廣泛流傳，而流傳的一個重要方式就是透過同事之間的資訊傳遞——我們總是更相信自己身邊的人，這也是人類的一個普遍心理。

眞正的成功故事必須是來自員工周圍的，同事間的閒言閒語常常會比國際新聞更有吸引力，如果能夠有效地利用這一事實，管理者就很容易把辦公室裡無謂的聊天轉化爲激勵員工的有力工具。

對於那些準備利用成功故事來激勵下屬的管理者來說，在傳播成功故事的過程中，應該注意哪幾點呢？

首先，故事所傳達的主題應該是積極健康、能夠鼓舞人心的。這似乎是一個毫無疑問的事實，問題是，一些管理者所講述的成功故事往往發揮了一些截然不同的作用。比如有的管理者會用自己童年的調皮事來調侃，希望這樣做能夠拉近跟同事或下屬之間的距離，事實上，這種做法反而會影響管理者在下屬心目中的形象，更危險的是，如果下屬在工作中模仿管理者童年的行爲的話，那後果將是不堪設想的。

另外，如果一個成功故事分爲三部分的話，那管理者在傳播該故事的時候一定要確保它是完整的。通常情況下，成功者的故事都會包含三個部分，一部分是成功者在成功道路中所遇到的困難，一部分是他們在克服困難時所採用的方法，最後一部分則是成功者在克服困難後所取得的成就。

美國著名作家，被譽爲「美國夢之父」的阿爾傑·霍修以創作了大量白手起家的美國富翁的故事而聞名於世，在向後人講述自己的創作經驗時，阿爾傑這樣說道：「人們之所以喜歡這些故事，不僅是因爲故事中的主人出身貧寒，而且是因爲他們最後都取得了成功。」

其次，故事中主人的經歷應當跟下屬有一定的相似性，應該能夠引起聽衆的共鳴。世界著名經濟學雜誌《經濟學人》最近刊載了一篇名爲〈明智的生活〉的文章，其中談到了「爲什麼現代人沒有古代人那麼容易滿足？」這一問題。文章作者指出，「有趣的是，在中世紀的時候，幾乎沒有任何現代意義上的勵志作品……」在接下來的分析當中，作者指出，出現這種情況的原因很可能在於古代人很少會想到去徹底改變自己的命運，對於那些並非出身名門的人來說，他們往往只滿足於獲得溫飽罷了，因爲對於這些人而言，無論自己如何奮鬥，都不可能成爲貴族，這一點是從他們出生的那一刻起就已經決定了的。

這件事情給我們的啓發就在於，無論是以演講的方式還是透過公司內部文件傳播，在向員工講述成功故事的時候，故事的主人一定要跟員工本人具有一定的共同點，否則根本不能發揮任何程度的激勵作用。

最好能夠帶有一定的技巧性，眞正能夠產生效果的說服應該是有技巧的。很少有人會欣賞那些帶有明顯說教意味的故事。在這方面，世界建材巨頭歐倍德可以說是爲我們樹立了一個良好的典範。在歐倍德公司，人們崇尚的是一種海狸文化，根據公司創始人的說法，之所以要號召大家學習海狸，是因爲無論是從確定戰略方向、制定戰略方針，還是從執行戰略的角度來說，海狸都是一個一流的專家：衆所周知，海狸是著名的修壩高手，每次修建水壩的時候，它總是能夠找到最合適的地點，根據當地的具體情況確定修建水壩的方案，找到一切必需的原料，再按照自己的原定設計方案將大壩完成。

可想而知，如果管理者們只是把海狸的這些做法總結成各種條文，編成手册，然後發放給公司員工的話，那根本不會發揮任何教育效果，相反，員工們很可能會隨手就把這些所謂的「手册」丟進垃圾桶。爲了避免出現這種情況，歐倍德公司的管理者們想盡了各種辦法，他們把各種海狸像印在公司的員工手册、工作日誌、內部宣傳資料等上面，這些海狸形態各異，有正在勘察水壩的海狸、正在搜集原料的海狸、正在修建水壩的海狸，還有正在水壩上怡然自得的海狸……很快，勤勞智慧而又可愛十足的海狸成爲了員工們交談的話題，海狸精神也因此成爲每個員工的精神支柱。

最後，故事應當被不斷地重複，應當能夠融入到聽衆的生活當中。也就是

說，故事中提到的那些做法應該能夠被人們複製到自己的生活當中。所以在這種情況下，「推舉模範員工」就是一個比較適當的做法。

由於模範員工本人往往就是普通員工當中的一員，他所面對的很多問題也都是普通員工在日常工作當中所面對的問題，所以在進行推舉模範員工的時候，如果管理者能夠將那些當選的員工的具體工作方法加以整理的話，就可以成爲非常標準而且實用的員工工作手冊。

早在上個世紀初期，美國福特汽車公司的創始人福特就在自己的公司中使用了這種方法。福特公司的所有車間都公開推舉一個「模範工人」，推舉完成之後，福特會將該員工的裝配速度以及差錯率等指標記錄下來，張貼到每個廠房間最醒目的位置，並將其作爲新的廠房工作標準。除此之外，公司還定期舉辦各種形式的討論，對「模範工人」在生產過程中的各個細節做法進行推廣和研討，就這樣，一段時間之後，當「模範工人」的做法成爲整個公司的標準作業方式之後，新一輪的評論又開始了……

激勵指數自測

1. 你瞭解自己下屬的工作情況嗎？誰是下屬員工心目當中的學習對象？
2. 作爲一名管理者，你準備在自己的企業中建立怎樣的企業文化？想想看，本課討論的歐倍德公司的做法對你有什麼啓發嗎？

第十一課

向員工公開當前的競爭形勢

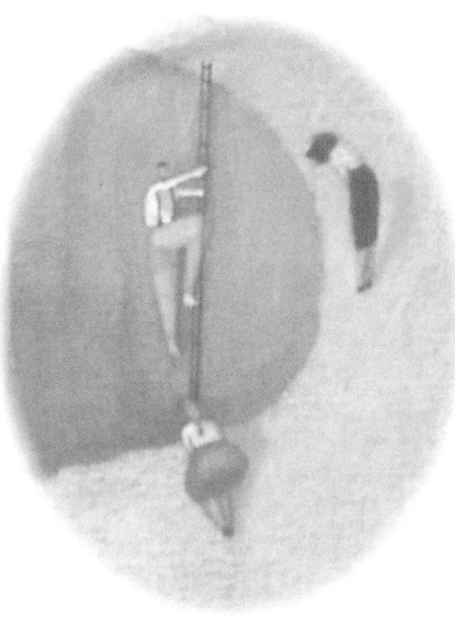

本課主要內容：

如何在公司內部確立明確清晰的競爭機制，從而發揮激勵員工的作用？

如何向員工公開你的公司所面臨的競爭，從而有效地激發員工鬥志？

如何在你的企業處於優勢的情況下讓員工產生危機感？

競爭無疑會帶來進步，可以想像，對於個人來說，一旦確立了明確的競爭對象，他就很容易將自己的注意力集中到某一點上，當他的內心始終想著如何超越對方的時候，他就會自覺地更加合理而有效地安排自己的時間，管理好自己的精力。可是在現實生活中，很多管理者卻不大提倡自己的直屬員工之間存在任何形式的競爭，這類管理者總是希望自己的直屬員工能夠分工合作，而不是彼此「勾心鬥角」。

事實上，競爭與團隊合作之間並沒有本質上的衝突，優秀的管理者總是能有效地讓團隊成員在相互競爭的同時保持良好的合作。

一方面，從員工個人的角度來說，競爭本身可以爲員工確立一個良好的目

標。我們知道，在兩個人之間進行相互競爭的時候，一方的每一點進步都會成爲另一方學習與超越的對象，一旦兩個人之間形成一種良性的競爭關係，雙方就會在相互「攀比」之中不斷共同進步。

企業心理學家溫斯頓指出，當兩個背景相似，年齡相仿，目標相同的人在一起的時候，兩人之間最容易形成競爭關係。在電影「終極審判」中，我們就看到了一個這樣的例子。凱文和吉姆是一家報社的兩名財經記者。兩人從同一所大學畢業，學的是同一個專業，畢業後又到同一家報社工作，不僅如此，而且兩人又是在同一領域進行報導。可想而知，在這種情況下，兩人之間自然會你追我趕，相互較勁。

剛開始的時候，兩人之間的競爭處於一種惡性狀態，當凱文發現一條新聞線索的時候，他總是會秘而不宣，直到自己完成所有的採訪和報導之後才會帶著一絲炫耀的神情把這件事情告訴吉姆；而另一方面，吉姆也是採用同樣的方式對待凱文。自然，這種做法同時加大了兩個人的工作量——爲了向對方保密，凱文和吉姆經常不得不偷偷完成許多資料的查詢和採訪工作，爲了不讓對方發現自己的工作內容，他們經常會選擇在週末或下班之後進行採訪和資料查詢工作，不僅如此，他們的這種做法還嚴重地延緩了工作進度，對於分秒必爭的新聞業來說，這可是一個致命的問題。

看到這種情況之後，財經部的主管本決定設法改變一下：畢竟，凱文和吉姆都是才華橫溢的年輕人，他不想因爲兩人之間的這種惡性競爭而失去任何一個人。首先，每次凱文或吉姆遇到任何問題，他總是會邀請兩個人同時來到自己的辦公室，大家共同協商解決。剛開始的時候，凱文總是感到很不習慣，無論自己遇到了多大的問題，一旦發現吉姆在場，他就會告訴本，說問題已經得到解決，已經不需要討論了。每到這個時候，本總是微微一笑，然後讓凱文把自己的問題以及解決的方法重複一遍，如果發現凱文的方法並不能解決問題，或者說並不是最好的方法，他就會轉頭徵求吉姆的意見。過了一段時間之後，凱文發現吉姆確實能夠在很多方面提供互補，而且吉姆也開始主動向自己請教一些問題，這也讓他在心理上感到一種滿足和平衡。

就這樣，漸漸地，凱文開始積極地和吉姆進行溝通，不知不覺中，兩人都感

到自己的工作壓力小了很多，而且工作速度也快了許多。過了幾個月之後，本開始嘗試著讓凱文和吉姆聯合進行一些重大事件的報導，結果出乎所有人的意料：雖然在報導的過程中，兩人同樣是你追我趕，但他們之間並沒有相互破壞對方的工作，相反，他們的報導綜合體現了兩人的優勢和特點，不僅及時、準確，而且極爲生動，還配有大幅照片，本決定把這篇報導放到頭版位置，凱文和吉姆也從中得到了極大的滿足。

另一方面，從管理者的角度來說，在引導下屬進行良性競爭的時候，一定要注意確立一套良好的競爭機制。這種競爭機制的最根本特點在於公正、公平、公開、清晰。首先它必須是公正和公平的，也就是說，管理者所制定的競爭規則應該適用於每個人，而且它對每個人的要求和獎勵都應該是均等的，只有在這種情況下，那些在競爭中處於劣勢地位的員工才不會去抱怨，更不會對自己的競爭對手產生怨恨情緒；所謂公開、清晰，就是指管理者應該制定清晰的工作規範或者是競爭規則，而且應該把它們向所有的員工公佈，幾乎所有發展比較成熟的大型公司都會有類似的規章制度，來明確規範員工的工作內容、業績衡量指標，以及相對的獎懲標準，相比之下，那些剛剛成立，或者規模比較小的公司則缺乏這些規範，在這種情況下，員工很可能就不知道老闆對自己的要求到底是怎樣的，而且從實際操作的角度來說，當人們感覺自己的工作要求不夠明晰的時候，他們就很難爲自己確立一個確切的發展目標。

有這麼一個故事曾經在各個大公司中廣爲流傳。邁克是剛剛加入一家公司的一名銷售人員，在來到新工作崗位的第一個月裡，他工作非常努力，使盡渾身解數來撥打電話，爭取與更多的潛在客戶見面，爭取回答更多的客戶諮詢。他把自己的時間平均分配給每個可能成爲自己客戶的公司和消費者，認眞細膩地回答對方提出的每一個問題，並爲此經常加班……可是他卻感到非常奇怪，每當看到他做這一切的時候，周圍的同事總是在微笑著搖頭。爲什麼會這樣呢？

一個月之後，一切都眞相大白了，在公司的「每月業績考核表」當中，邁克發現上面根本沒有任何關於「你撥打了多少電話」、「你接受了多少客戶諮詢」或者「你接待了多少客戶」之類的考核標準，換句話說，在公司管理者看來，這類活動根本不能被看成是工作業績——管理者眞正看重的是一名銷售人員接到了

多少訂單，訂單的金額如何，以及該銷售人員服務過的客戶有多少回頭率等問題。毫無疑問，邁克這個月的業績一塌糊塗。可是讓我們換個角度想一下，如果管理者能夠在上班的第一天就把這份考核表發給邁克的話，那情況又會怎樣呢？顯然，如果一開始就知道自己的業績衡量標準的話，邁克很可能就會把更多的時間用來跟客戶建立深層次關係，爲重點客戶提供重點服務，同時用更多的時間來進行售後服務……

除了在企業內部建立良好的競爭機制之外，管理者還應該主動將企業所面臨的外部競爭形勢公佈給企業員工。

很多管理者都不願意將自己的企業所面臨的競爭形勢告訴員工，在他們看來，如果讓員工感到競爭形勢過於嚴峻的話，他們很可能對自己所從事的行業失去信心，或者是對自己的工作失去熱情，「可以想像，如果一個企業的員工每天都把大部分時間用來尋找新的工作，或者是從事新的行業的話，那該企業的管理者顯然不夠稱職！」一些管理者這樣說道。而美國奇異所發生的故事卻說明了一個完全相反的道理。

在傑克・威爾許對美國奇異公司的核能部門進行改革之前，該部門就面臨著這樣的情況。當時該公司幾乎所有的工程師都不夠瞭解整個美國對核能資源的需求，他們樂觀地相信，因爲自己曾經在二十世紀七〇年代取得了輝煌的業績（當時該部門每年可以出售三、四座核反應爐），所以到了八〇年代的時候，由於人類對能源的需求正在逐步提高，所以該部門的工程師乃至管理人員都對核能部門所遇到的競爭隻字未提，事實上，他們甚至不願意承認該部門存在競爭或困境的可能性。

一九八一年春天，在傑克・威爾許對核能部門進行巡查期間，該部門的負責人爲傑克展示了一份頗爲樂觀的計畫，根據該負責人的預計，核能部門每年能得到三份核反應爐的新訂單——而事實上，一九七九年賓西法尼亞州的核反應爐事故早已使人們對核反應爐幾乎徹底喪失了興趣，政府和公共事業部門也開始對核能投資計畫進行重新評估，核能行業當時可以說是面臨著極爲嚴峻的挑戰。

其實就美國奇異的核能部門內部來說，情況也同樣不容樂觀，該部門在一九八一年之前的兩年時間裡沒有接到一份訂單。一九八〇年的時候，該部門的虧損

金額高達一千三百萬美元，到了一九八一年，該部門核反應爐業務的虧損金額高達兩千七百萬美元。

「你們必須重新修訂部門發展計畫，」在臨走之前，傑克這樣告訴核能部門經理，「以你們連一份訂單也得不到爲前提，並把出售核燃料和提供核能技術服務爲公司今後的發展方向，試試看吧！」

結果，到了一九八一年的時候，該部門將公司支薪員工從一九八〇年的兩千一百一十名裁減爲一九八五年的一百六十名，整個核能部門的淨收入也從一九八一年的一千四百萬美元增加到一九八三年的一億一千六百萬美元。

在很多情況下，只有透過將整個團隊所面臨的競爭形勢完整地告訴員工，管理者才能最大限度地激發員工的鬥志，才能使員工在貫徹執行管理者戰略規畫時更加配合，更加富有成效。毫無疑問，嚴峻的外部競爭會給企業員工帶來壓力，在面對壓力的過程當中，那些意志不夠堅定的人會選擇逃避。但對於企業管理者來說，他們眞正需要的並不是這些選擇逃避的人，而是那些能夠從壓力中奮起，並最終與自己所在的團隊攜手並進，取得勝利的人，才應該是管理者所眞正依託的。對於那些依然在爲是否向員工通告競爭形勢而猶豫不決的管理者來說，需要記住的一點就是，競爭是一道強大的篩選系統，它本質上可以幫你找到自己眞正需要的人才。

優秀的管理者通常會居安思危，在公司仍處於優勢地位的時候激發員工的危機感，並以此激勵他們更加努力地工作，取得更大的成就。史丹福大學商學院終身教授，著名商業管理暢銷書《基業常青》作者吉姆·柯林斯曾經進行過一個著名的研究專案。據該專案負責人介紹，他們先後耗費了十年，閱讀並有系統整理了近六千篇文章，記錄了兩千多頁的專訪內容，收集了二十八家企業在過去五十多年的文章，進行了大範圍的定性和定量分析，最終總結了一份關於如何使公司從優秀到卓越的報告。

在這份報告當中，吉姆·柯林斯指出，優秀是卓越的大敵，大多數公司在取得優秀的業績之後，都會陷入停滯不前的僵局，事實上，這種心態正是許多公司由優秀走向衰敗的一個重要原因。那麼，什麼樣的管理者才能夠帶動自己的公司從優秀走向卓越呢？吉姆·柯林斯的答案是：第五級經理人。這種經理人是堅定

與謙遜的混合體，他們外表謙遜，內心卻有著堅定的意志，始終被一種不斷追求卓越的熱情所驅動。不僅如此，即便是公司處於順境之中，第五級經理人也會始終堅持追求卓越，而且他們還會把自己的這種「於順境中感受危機」的心態傳達給自己的下屬。

相比之下，那些只看到公司發展好的一面，甚至在危機四伏時依然爲以往的成績洋洋自得的管理者只會在不知不覺中把公司帶入低谷。四面楚歌並不可怕，眞正的危機來自於管理者那種自以爲是的心態。衆所周知，其實早在二次世界大戰結束初期，日本的企業家們就已經開始憑藉自身的勤奮、智慧，以及各式各樣的政府資助帶動日本企業慢慢崛起，在這一崛起過程當中，日本的汽車製造業可謂首當其衝。但在相當長的一段時間裡，日本的汽車製造業大多把自己的市場局限在本國之內，而很難進入像美國這樣的汽車消費大國市場，這種情況一直持續到上個世紀六、七〇年代。

直接導致這一改變的是日本企業對統計流程控制（SPC）理論的接受。二次大戰期間，美國的許多企業曾經在該理論的指導下取得了飛速發展，它的製造業在幾年之內一躍成爲全球製造業的霸主，它的汽車更是在全球市場上鮮有對手。

令人遺憾的是，戰爭結束之後，由於美國的企業大多陷入了一種自滿狀態，他們很快把統計流程控制理論拋諸腦後。

與此同時，在地球的另一邊，美國未來的競爭對手卻開始對這一理論掀起了瘋狂的崇拜熱潮。據估計，在一九五〇年到一九七〇年之間，數萬名工程師及管理人員參加了統計流程控制課程的培訓。戴明迅速成爲了日本企業界趨之若鶩的偶像級人物。

所有的一切所帶來的變化是驚人的，很快的，日本的製造商們開始逐步佔領摩托車市場、小型汽車市場，乃至電子消費品市場。與此同時，隨著日本產品開始逐漸打入全球市場，消費者們也發現日本產品開始變得眞正「物美價廉」。

讓人難以置信的是，就在大兵壓境的當頭，美國的通用汽車公司卻始終沒有意識到眼前的危機，他們只關注公司當月的銷售額，一味地沈浸在自滿之中，相信自己的未來仍是一片輝煌。當通用汽車公司的質檢人員開始提請管理層注意通用汽車的品質問題的時候，管理層甚至認爲他們是在大驚小怪，在「雞蛋裡面挑

骨頭」。該公司管理層，包括CEO在內，始終堅信通用汽車仍然是世界上最優秀的汽車製造商，並將繼續成爲整個行業的龍頭老大。在這種情況下，可想而知，通用汽車在七○年代被來自日本的競爭對手超越也就不足爲奇了。

毫無疑問，如果一個企業眞正想做到基業常青，乃至從優秀到卓越的話，管理者一方面必須不斷進行自我激勵，另一方面，他們也應該學會在順境中不斷激勵直屬員工努力工作。而想要做到這一點，企業的管理者必須學會謙虛。

正如吉姆·柯林斯指出的那樣，眞正能夠把企業從優秀帶向卓越的管理者都是謙虛的。可以想像，如果管理者本人都不能從順境中感受到潛在威脅和危機的話，他們很難讓員工有這種感覺，從而也很難激發出員工的鬥志。那麼，如果在順境中讓員工體會到緊迫感乃至危機感呢？答案是：目標。對於那些已經處於行業領先位置的企業來說，它們唯一能夠挑戰的，或許只有自己，也就是說，他們必須學會把自己當成對手，不斷超越自己，始終趕在競爭對手之前主導行業發展。在這一點上，大名鼎鼎的微軟公司爲我們提供了良好的範例。比爾·蓋茲幾乎每天都在不停告誡自己的下屬：我們的生命週期只有十八個月，競爭對手隨時都可能把我們踢出市場，我們都會因此而失去自己的工作。可想而知，在這種情況下，雖然微軟的作業系統幾乎在全球形成事實性壟斷，可是公司的研發人員還是每日如坐針氈，戰戰兢兢。這種做法雖然有些殘酷，但它所帶來的直接後果卻是：在作業系統市場上，二十多年來，微軟公司一直處於事實壟斷地位，而且它的這一地位至今無人能夠撼動。

在順境中激勵員工的第二條秘訣是：變革。記得哈佛大學一位教授曾經做過一個著名的青蛙實驗，當教授把一隻青蛙丟進一鍋沸水當中的時候，青蛙很快奮力從沸水中一躍而起，跳出水面；而當教授把青蛙丟進冷水的時候，青蛙卻感到怡然自得，後來教授不斷讓水慢慢加熱，直到最後，當青蛙感到大勢不妙的時候，牠已經沒有力氣跳出水面，結果就死在水裡。很長時間以來，人們一直在用這個實驗說明「生於憂患，死於安樂」的道理；另一方面，我們不妨設想一下，如果溫水裡的青蛙能夠一直處於不斷游動的狀態，那結果又將會怎樣呢？畢竟，不停游動的青蛙不僅更能敏銳地感受到水溫變化，而且牠們還可以在水溫變高的時候保持躍起的能力。這個道理在企業管理中同樣適用。

順境激勵的第三個秘訣是：內部競爭。當企業在外部市場上已無法找到競爭對手的時候，它完全可以透過在內部展開競爭的方式不斷提高自己的營運水準。麥當勞的各家分店之間始終存在著競爭關係，不僅如此，我們知道，即便在同一家麥當勞內部，不同員工之間也存在著激烈的競爭，只有透過這種方式，公司員工才能始終保持著高昂的鬥志，而整個公司也才能始終在市場上立於不敗之地。

激勵指數自測

1. 你的公司內部是否建立了明確的競爭機制？這種競爭機制是否會在員工之間形成一種良性競爭？
2. 你的公司管理人員是否能直言不諱地告訴員工公司所面臨的競爭形勢？
3. 管理人員是否能夠將公司的競爭壓力轉變爲員工奮鬥的動力，是否能夠激發員工爲企業進步而努力工作的決心？
4. 如果你的企業目前處於行業優勢地位的話，你準備採用怎樣的辦法來讓員工產生危機感，並最終激發他們的鬥志？

第十二課

掌握授權的藝術

本課主要內容：

給員工一份出色的工作。

授權的重要性。

掌握授權的藝術，在釋放權力的同時學會進行有效協調。

「如果你希望某個人工作出色，那麼你就要給他一份出色的工作！」名動美國管理學界的管理學家弗雷德里克・赫茲伯格曾經這樣告誡管理者們。

到底什麼是「出色的工作」？關於這一問題，美國管理學界早已爭論多年。迄今爲止，在筆者所知曉的答案當中，出現頻率最高的一個定義就是：對於員工和公司都能形成雙贏結果的工作。從企業的角度來說，所謂「贏」的結果，無非就是實現利潤最大化，即儘量拉大員工對公司的貢獻與公司對員工的付出之間的差距。而對員工而言，「贏」的內涵就比較豐富了：通常情況下，員工希望能夠儘量減少工作時間、能夠獲得更好的報酬、能夠得到更多的認可、能夠得到更多的機會和權力……而在這一切當中，唯一能夠在增加員工滿意度的同時而又

不增加公司付出的，就是增加員工權力，即向員工釋放權力。

權力能夠最大限度地激發創造力和責任感，關於這一點，美國的娛樂業已經爲我們提供了太多的例子，著名的維亞康姆公司就是其中之一。維亞康姆公司是全球最大的娛樂媒體公司之一，它的資產總額在全球媒體集團當中曾經一度名列第三，而聞名全球的音樂頻道品牌MTV就是出自該公司之手。而MTV的發展過程本身就起源於維亞康姆總裁雷石東的一次大膽的授權決定。據說在將MTV頻道納入旗下之後，雷石東的智囊團曾竭力建議他親自主導該頻道的營運，「讓那些不諳世事的毛頭小伙子們見鬼去吧！」

「我認爲不是這樣的！」雷石東笑著對自己的智囊團成員說道，「既然MTV是屬於年輕人的東西，而且我們又不完全瞭解這種新的音樂形式，爲什麼不讓那些正爲MTV而瘋狂的年輕人們放手一搏呢？」在雷石東這一理念的指導下，一大批管理經驗甚淺的年輕人，包括後來曾經在柯林頓競選中立下汗馬功勞的湯姆・弗雷斯頓，迅速晉升爲掌控MTV未來的主力人物，在他們的帶領下，MTV發掘了一大批超級明星，改變了整個美國的音樂乃至生活方式。一九八七年，MTV

聯合英國電信及大名鼎鼎的媒體巨頭羅伯特・馬克斯維爾集團進軍歐洲市場，一九九〇年，MTV高調挺進亞洲及澳洲市場，一九九四年，MTV又如狂風般席捲了整個拉丁美洲，一九九二年，在大選中獲勝之後，美國總統柯林頓曾經親自出席MTV頒獎晚會，「你們在我的競選活動中功不可沒，謝謝你，MTV！」柯林頓這樣評價道。

時至今日，對於全球的年輕人來說，MTV無疑已經成爲了一種全新的世界觀，一種永遠走在時代前端的生活方式。我們很難想像，如果當初這家公司的總裁沒有大膽授權，而是以六十餘歲高齡親自進行管理的話，MTV今日的前途將會如何。「授權是需要膽量的！」哈佛大學商學院的一位教授曾這樣告訴他的學生們。

全球著名的人力資源諮詢公司美奇公司曾經公佈過一項調查結果，該結果顯示，在所有影響員工工作積極性的各種因素當中，排在第一位的就是「無力感」。

所謂無力感，就是指員工感到對自己的工作和未來毫無掌控能力。在這種情況下，一部分員工會漸漸演變成只會聽候吩咐的「木偶」，還有一部分員工則會

選擇跳槽或者是自立門戶。「我可不想讓別人來掌握我的工作成績和未來前途，這種感覺太糟糕了！」一位被調查的公司員工在問卷中加了這麼一句話。

其實只要站在員工的位置上想一想，我們就不難理解，當一個人對自己的工作毫無掌控能力的時候，就很難產生很高的積極性——因爲無論如何努力，他都不可能影響到自己工作的結果，這也就意味著他所付出的努力可能毫無實質意義。讓人感到遺憾的是，在實際工作中，這種無力感經常存在，很多管理者甚至會在無意識當中讓員工陷入絕望。馬克的經歷就能說明這一問題。

馬克曾經任職於一家出版公司，他當時的職位是編輯，根據公司的制度，他不僅要負責整個圖書的選題策畫、文字潤飾、插圖配置、文案編寫、版型設計等工作，還要就自己所負責的圖書的行銷提出方案。剛開始的時候，考慮到馬克已經對編輯工作有了一定經驗，而且在整個圖書編輯過程當中，有很多環節都只有那些眞正深入研究一本書的人才能夠瞭解，所以馬克在很多事情上都享有很大的自主權——這也意味著他必須肩負起更大的責任。

然而馬克非常喜歡這一切，他立刻全身心地投入到了自己的工作當中，有時竟然會爲了一本書的封面文案而徹夜不眠，每一本新書問世都讓馬克感到很大的成就感，讓他覺得像是自己的孩子問世了一樣，那種感覺美妙極了……一段時間過後，馬克開始注意到事情漸漸發生變化：每當新書樣書被送到辦公室的時候，馬克都發現圖書封面跟自己當初與封面設計討論的完全不同，「難道是封面設計擅自做了更改？」馬克於是來到了封面設計的辦公室。「我是按照老闆的意思做了一些修改！」封面設計無奈地說道。

突然之間，馬克感到一種被羞辱的感覺，他覺得自己的所有努力都毫無意義了，自己的辛苦研究甚至抵不上老闆的一句話，這種感覺眞是太糟糕了。

一個月之後，馬克辭職了。「我要爲這項產品的命運負責，」在辭職書中，馬克這樣寫道，「可是它的生產加工過程卻完全被其他人操控，我很難接受這種安排，因爲它很可能意味著我要不斷地爲別人的失誤付出代價。」

雖然看起來有些令人無法理解，事實上，這種現象每天都在我們的辦公室裡上演著。它像是一種強大的病毒，悄悄地潛入我們工作中的各個角落，蠶食著人們工作的積極性，降低人們的工作效率，影響整個組織的工作業績……想想看，

如果你是一名員工，上司分配你一項任務，卻沒有給你相對的權力的話，你會有什麼感覺呢？你還會對自己的工作充滿積極性嗎？或許你根本無法完成自己的工作！

而另一方面，正如我們在本課開頭所談到的，那些敢於授權的企業往往能夠激發出巨大的生命力，而擁有一定權力感的員工也能夠迸發出超人的積極性。納克公司的管理實踐就是一個極好的例子。

該公司是美國最大的鋼鐵公司之一，不僅如此，自上個世紀八〇年代以來，該公司還曾一度被美國各大商業雜誌公認爲「成長最快的公司之一」，該公司的首席執行長費舍爾也被認爲是「最富進取心的首席執行長之一」。在沃頓商學院的課堂上，費舍爾這樣向未來的管理者們解釋自己的管理秘訣：「授權，你必須讓你的下屬感到他們可以操控一切與自己工作相關的事務，否則他們就會毫無動力，而且會在出現問題的時候百般推卸責任……」

上世紀七〇年代末八〇年代初的時候，納克公司總體處於發展的低谷階段，很多媒體都在報導當中用「懨懨一息」來形容這家公司，甚至有記者懷疑這家公司是否會「蛻化到公司創始時期的小型工廠時代」。費舍爾改變了這一切。

和幾乎所有的新任管理者一樣，自費舍爾入主納克以後，他也對整個公司的營運流程進行了一番大調整，而調整的第一步就是權力分配機制。

在擔任公司首席執行長的第一天，費舍爾發現自己桌子上放著一份厚厚的報告，報告是公司技術服務部交上來的，內容是申請購買十台電腦，根據當時的市場行情，十台電腦的價格大約爲十萬美元左右——對於一家位列全美前十五名的鋼鐵公司來說，這實在不是個大數目——而整份報告卻長達十頁。更可怕的事情還在後頭，當費舍爾打開報告的時候，他發現裡面居然已經簽滿了十六個人的名字。「怎麼回事？」費舍爾馬上撥通了秘書的電話，「這只是一項不到十萬美元的資金申請報告，爲什麼要有十七個人的簽字？」

「尊敬的費舍爾先生，」秘書露出了慣有的微笑，「這可是完全符合公司規定的啊！」

「從那一刻開始，我發現了影響我們工作效率的一個最大問題，」費舍爾接著對商學院的學生們說道，「我實在難以理解，在所有簽過字的十六個人當中，

到底有幾個是眞正瞭解整個採購細節的？而且在經過了這麼多道審批程式之後，再加上我一個簽名有什麼意義？」

變革立即開始了。費舍爾開始在公司實行「瘦身計畫」，而且從那件事情之後，他再也沒有在任何一份申請資金的報告上簽字。公司的每一個管理層成員都開始享受更多的權力，而且他們完全可以在授權範圍內自由行使這些權力。「事實證明，當人們知道自己擁有做出決定的權力，而且自己又必須對自己的決定切實負責的時候，他們就會以更加嚴肅認眞的態度來評價有關專案，而且工作效率也高了很多。」費舍爾說道。

在瞭解了授權的重要性之後，我們將在本課的餘下篇幅討論這樣一個問題：管理者在進行授權的時候應該注意哪些問題？在談到授權問題的時候，大多數不願意授權的管理者最常用的一個理由就是：擔心下屬的權力失去監督。

而在許多管理學者看來，這種理由純粹只是一個藉口——因爲只要有適當的運行機制，管理者的權力完全可以得到更加科學而合理的分配。相比之下，管理學者們更加相信，這種藉口背後隱藏的眞正原因在於管理者擔心自己失去權威感，擔心由於權力的分散而導致管理者自身的地位受到威脅。

權力所帶給人的不僅是與權力相當的財富，它還能帶給一種大權在握的感覺，以及一種巨大的榮耀感，這種感覺在很多情況下並不是可以用金錢來衡量的。這也正是很多管理者寧願讓自己所在的組織效率低下，乃至經濟上遭受巨大損失，也不願意放棄部分個人權力的原因所在：他們實質上是在擔心自己會因爲把權力釋放給下屬而變得無足輕重，同時也害怕自己會因此而受到員工的冷遇——畢竟，一旦把權力釋放給下屬，很多員工都將不再直接向他彙報工作。

持有這種態度的人實際上並沒有眞正理解權力的內涵，著名管理學大師德魯克曾經指出，權力本身並不是目的，它只是一種達到目的的手段而已。從這個角度上來說，權力實質上只是一種比較特殊的資源罷了，它的主要目的應該是分配而不是壟斷。一旦大權在握，便再也不肯放手的管理者勢必會在事實上壟斷資源，從而無法實現權力最本質的功能，並且無法對整個組織內部的資源進行更加合理、更加有效的分配。

當然，我們也必須承認，因爲釋放權力而導致下屬權力失控的現象確實存

在。權力有時會使得一個人對自身能力產生錯誤的判斷，我們經常可以遇到這種情況，很多本來對建築毫無所知的人，一旦當上了管理者之後，也開始對公司的設計圖紙評頭論足起來。而在這種情況下，那些迷信權力的人，即便他們是眞正的專家，也很容易變得唯唯諾諾，因爲即便出了問題，他們也並不需要承擔太多的責任。而所有上述這些情況所導致的結果就是：公司開始進入一個向下的循環，業績開始一天天下滑。

如何保持權力的平衡，在釋放權力的同時保持權力不被濫用？關於這個問題，管理學者們早已進行了詳細的研究，並得出了一些有用的結論。

實現權力平衡的首要關鍵就在於許可權分明。在領導學當中，關於權力的第一個原則就是：任何權力都應該是有界限的，絕對的權力必然會導致絕對的濫用和腐敗。從個人的角度來看，任何一個人，無論他是多麼優秀，都只能成爲某一個或幾個領域的專家，所以即便對於那些成爲管理者的人，他也不應該有權力（甚至是資格）來對所有的事情評頭論足。所以在考慮進一步向下屬授權的時候，管理者應該避免授予下屬不必要的權力，這也就意味著，他必須明確規定下屬的許可權。比如說哪些問題可以由下屬單獨決策，哪些問題應該提交上一級管理層討論決定，什麼範圍內的資金審批可以由下屬直接批准，而超出該範圍的金額就必須經過上一級管理人員簽字等等。

權力平衡的第二條秘訣在於明確責任。我們很難想像一個不用對結果負責的人在做出決策的時候會是一種什麼心態。責任是制約權力的強大動力，它最直接的意義就在於迫使那些掌握權力的人認眞考慮自己所做出的每一項決策所可能引發的後果。毫無疑問，權力和責任是相輔相成的，任何權力都必須伴隨著相對的責任。掌握權力的人會因爲考慮到相對的責任而變得更加愼重，他們也因此會對自己所做出的決策更加深思熟慮。

加強培訓是平衡權力的第三條秘訣。正如我們前面所談到的，既然權力是一種資源，它必然有其應用的規則，要想眞正瞭解，並熟練地應用這些規則，掌握權力的人就必須接受一定的培訓，並熟諳權力的規則。値得提醒讀者注意的是，我們這裡所說的培訓不僅僅是理論上的灌輸，更主要的是管理者在管理實踐過程中要不斷進行自我培訓，畢竟，關於領導學的管理著作可謂汗牛充棟，但如何眞

正掌握並應用權力的藝術，還需要管理者在實踐中逐漸把握。

關於如何平衡權力，筆者的最後一條建議是：及時溝通。在任何組織當中，溝通都可以發揮強大的潤滑和協調作用。順暢的溝通機制可以使組織營運當中的權力濫用問題得到有效避免——因爲如果組織當中的每個人都能夠暢所欲言的話，任何能夠引起爭議的問題都會在萌芽狀態時得到質疑，最終就會大大減少錯誤決策的可能性。一旦建立了良好的溝通，權力監督的問題自然可以迎刃而解。實際上，當前比較流行的「組織扁平化策略」主要解決的就是溝通和決策機制問題。在《財富》雜誌評選出的「全球五百大企業」當中，絕大部分企業都已經實現了企業營運管理的扁平化，而做到這一點的前提條件就是完善的溝通機制和設施。

比如說著名的英代爾公司就非常注重透過網路建設來完善組織內部的溝通機制。公司的高層管理人員經常透過公司內部網路，向全球員工介紹公司近期的業務情況，並就各個部門出現的最新問題展開討論。除此之外，英代爾的管理層還透過網上聊天等方式和員工進行互動性較強的溝通，回答員工提出的各種問題。所有的一切，都使得英代爾公司成爲了一家規模龐大但卻動作敏捷的公司，該公司現任首席執行官貝瑞特曾經把英代爾具體地描述爲「一頭正在饑腸轆轆中快速奔跑的恐龍」，基本上都要歸功於該公司所建立的良好的內部溝通文化。

激勵指數自測

1.問問自己，如果你正在從事自己的下屬當前正在從事的那份工作的話，你會對它產生熱情嗎？

2.檢查一下自己的工作內容，看看在自己每日審批的文件當中，有哪些必須要自己簽字，有哪些內容是自己根本一無所知的？

3.思考一下，如果要對下屬授權的話，你應該怎樣在讓下屬感到自己擁有權力的同時對下屬實施權力做好監督？

第十三課

讓員工跳過山谷：鼓勵你的員工學會冒險

本課主要內容：

為什麼要鼓勵冒險？冒險可以讓員工產生企業家精神，從而在更大程度上激發員工在工作中追求卓越。

鼓勵冒險要從善於冒險開始。

如何鼓勵在冒險的同時讓員工肩負起自己的責任。

如何鼓勵員工在進行冒險的同時把握好風險的尺度。

無論是對於個人還是一個企業組織來說，「風險」都是一個讓人感到不舒服的字眼。在談到「習慣的力量」這一話題的時候，管理學家們都喜歡使用「林間小鹿」的故事作爲例子——因爲人們發現，除非出現了重大變故，否則小鹿們總是會每天沿著同樣的路徑去到河邊飲水，日復一日，一直如此……對於小鹿們來說，這就是一種迴避風險，掌控生活的方式。在日常生活當中，人們也總是會透過各種方式來迴避風險，他們總是喜歡沿著同一條線路上下班，使用同樣的生活用品，到固定的醫院就醫，去自己經常光顧的地方美容、保健……

這種心理在辦公室中同樣普遍。人們總是喜歡凡事都向上司彙報，在很多情況下，如果上司不在，他們就寧願把一件工作無限期地推遲。這其實是一種隨時準備推卸責任的心理，這種心理一方面有利於整個團隊權力體系的穩定和平衡，以及團隊運作的可把握性；另一方面，它也會極大地扼殺員工的責任感和工作熱情，而且有時甚至會造成出人意料的損害。

就在不久之前，委內瑞拉一家商場曾經發生了一場大火，結果有一百七十多人在大火中喪生，事後調查部門針對此次火災事件進行調查的時候，他們發現導致如此重大傷亡的眞正原因並不是大火，而是商場的店員們——因爲他們擔心顧客可能會趁亂偷走商場的東西，所以在火災發生的時候，把所有的出口全部封閉，只留一個收費通道，由於當時商場內顧客實在太多，所以很多人最後都被收費通道前擁擠的人群擠壓過度，最後窒息而死。

在後來法庭提審該商場老闆阿齊茲的時候，阿齊茲矢口否認自己對這件事情的責任，剛開始的時候，他堅持聲稱自己確實向商場負責人下達過一道命令：在遇到緊急事故時，一定要以確保顧客人身安全爲第一要務。阿齊茲相信，如果商場的負責人能夠遵守這項規定的話，是不會發生如此重大的傷亡事故的。而另一方面，商場的行政主管也承認阿齊茲確實曾經下達過這樣的命令，但根據他的說法，阿齊茲同時規定，如遇到可能給商場帶來重大損失的問題時，負責人在做出任何決策之前必須呈請阿齊茲親自批准！所以在火災發生當時，這位負責人實際上面臨著一個兩難的選擇：要麼冒著可能被開除的風險，打開所有通道，讓顧客們逃命，要麼死守規定，封閉通道。

毫無疑問，這位負責人沒有選擇冒險，結果使一百七十二位顧客失去了自己的生命……

需要提醒的是，我們這裡所談的冒險跟創新之間存在著一定的差別，在很多情況下，當人們實在無法透過新的方法來解決問題的時候，他們就必須敢於冒險。一位美國管理學者曾經打過一個有趣的比方，說是有一個人想從一座山崖跳到另一座山崖，山谷很深，一眼望下去，讓人頭暈目眩，怎麼辦呢？在這種情況下，他只有兩種選擇，一種是鼓起勇氣，直接跳過去；還有一種是選擇其他的辦法到達對面的山崖。前一種選擇是冒險，而後一種選擇就是創新。

當你的員工來到山崖邊上的時候，你會怎麼辦？對於那些準備鼓勵員工進行冒險的管理者來說，首先你應該確保這道山谷是可以跳過去，而且你的員工也是有能力可以跳過去的。也就是說，在鼓勵冒險的時候，管理者一定要把握好尺度，而不能一味鼓勵盲目而不切實際的冒險。所謂把握好尺度，主要有兩層涵義，一是要確保風險本身應該是可以控制的，或者說它不應該給你的公司或部門帶來災難性的損失；第二層涵義是指，在鼓勵冒險之前，管理者應該確保員工本人有足夠的能力或潛力去應對風險，而不能勉爲其難，讓員工去承擔一些超出自己駕馭能力的風險。

盲目的鼓勵冒險所帶來的後果是相當可怕的。上個世紀八〇年代，美國有一家名叫奧斯本的電腦公司，這家公司成立於一九七二年，成立以後，公司發展迅速，曾經在整個電腦行業引起大革命。根據公司創始人，被稱爲「筆記型電腦之父」的亞當・奧斯本的說法，「奧斯本公司在一個季度裡走完了康柏公司用了二十年時間才走完的路。」按照奧斯本的原定計畫，公司第一個月的銷售額爲一萬美元，事實上，由於奧斯本天才般的設計，再加上曾經當過記者的他深知如何應對和利用媒體，結果在產品還未上市的時候，數不清的訂單就滾滾而來，而在產品上市的第一個月時間裡，公司的銷售額實際上達到了一百萬美元的水準，一時間，奧斯本公司成爲了整個美國媒體界談論的話題，亞當・奧斯本也一時成爲了無數美國年輕人的新偶像。

就是這樣一家本來應該延續輝煌的公司，最終卻因爲幾次看似無關大礙的冒險而毀於一旦。在公司發展的過程當中，奧斯本逐漸意識到，自己並不是一個合格的管理人員，所以他把自己的大部分工作定義爲「公關大使」，終日忙於接受媒體採訪、政府公關，以及各種團體活動……事實證明，奧斯本的公關活動是卓有成效的，他不僅成功地利用媒體讓奧斯本公司的第一款產品「奧斯本I」吸引了全美國的眼光，而且扭轉了所有人對電腦發展之路的看法。但另一方面，由於管理上的一些失誤，奧斯本公司經常出現一些低級而幼稚的基本錯誤，並在短短幾個月一敗塗地，最終漸漸淡出了人們的記憶。

在自己的晚年時期，當亞當・奧斯本回憶起早年在奧斯本公司的經歷時，他坦言：「最大的失誤就在於我過於放縱自己的下屬，我不應該鼓勵他們進行那些

足以致命的冒險。」在奧斯本所說到的這些冒險當中，其中之一就是「奧斯本I」的配件問題。當他的生產經理第一次提出配件品質可能存在問題的時候，奧斯本這樣告訴設計和生產人員，「這可能會給我們帶來風險，可是我們必須冒這個險！」結束奧斯本公司命運的，正是這句話。

其次，管理者應該採取相對的激勵措施，讓員工能夠有足夠的動力去跳過山谷。即使員工極富冒險精神，管理者也應該採取一定的激勵措施——畢竟，很少有人願意去做無謂的冒險。在決定是否冒險之前，人們總是會對結果進行一番揣測和衡量，比如說他們首先會考慮冒險失敗的結果是怎樣的，而一旦取得成功，結果又會是怎樣的，通常情況下，即便失敗與成功的概率是完全相等的，只要人們覺得成功的誘惑足夠大，他們還是會願意冒險——不要忘記，對你的公司或部門來說，他們這次冒險很可能就是你的公司或部門實現輝煌騰達的契機。

在IBM公司發展歷史上，除了郭士納的「讓大象跳舞」的改革舉措以外，最重要的一件事情恐怕就是PC的問世了——它不僅爲IBM在上個世紀最後二十年的發展奠定了基調，而且造就了像微軟這樣的大公司。只是在過了很長一段時間之後，人們才意識到PC的研發與問世本身就是一個冒險的結果。一九八〇年的時候，在對電腦市場進行廣泛調研之後，IBM高級管理層確立了PC的發展方向，並決定召集專人來進行秘密研發。

這是一項非常巨大的挑戰，對於IBM的許多高級工程師來說，他們簡直不敢想像如何把以往佔據幾個房間的龐大機器變成一個可以放在桌子上的小型電腦。這個構想本身就極富冒險性，或許正因爲如此，工程師們最後把這件工作交給了一個他們不太喜歡的人來完成——埃斯特納。在接受這件工作之後，埃斯特納立即從全公司抽調了十二名研發人員，組成了一個總人數爲十三人（包括他本人在內）的研發小組，然後他帶領著這個後來被稱爲「IBM十三太保」的研發小組來到了佛羅里達州的一個破工廠，他們的任務非常明確：在盡可能短的時間裡研究出性能穩定、體積小、價格又能爲市場接受的PC。

爲了能夠在產品剛研發出來的時候就能夠運作，埃斯特納請來了乳臭未乾的比爾·蓋茲，請他們爲自己的機器編寫軟體，IT行業的第一場革命就這樣打響了。整個研究過程充滿風險，爲了做好保密，研究人員在整個研究期間甚至不被鼓勵

與自己的家人聯繫，比爾・蓋茲和他的同伴們更是被關到了一個「沒有窗戶、沒有空調，甚至連電風扇都沒有」的小房間裡。「可是這份工作的回報是巨大的，管理層向我們許諾了豐厚的獎金，我們可以直接跟總裁通話，而且一想到自己的工作將會讓所有人跌破眼鏡，我們就興奮不已……」在埃斯特納小組的努力下，IBM公司於一九八一年八月推出了IBM PC，革命終獲成功！

我們很難想像，在當時業內對於PC一片噓聲的情況下，如果不是對於成功充滿憧憬，埃斯特納所帶領的小組是否能夠眞正將研究堅持到底！

最後，在員工跳過山谷之後，管理者應該及時兌現自己的獎勵承諾，強化員工的風險意識，從而使他們能夠在下次面臨風險的時候，能夠做出類似的選擇。

「進行適當的冒險」應該成爲員工的一種本能性的意識，而對於所有的管理者來說，要想做到這一點，首先必須讓員工切實感受到冒險的樂趣及回報。回報本身體現了一種回饋機制，而這種回饋的本質在於對員工冒險的肯定，以及對於類似行爲的鼓勵。那些事前鼓勵員工冒險，並做出種種承諾，而事後卻又無法兌現承諾的管理者是愚蠢的，因爲他們很可能會因此而失去自己作爲管理者的權威，並且使自己以後的承諾變得毫無效力可言。

想想看，如果你的老闆鼓勵你去做一件事情，結果卻在你做完之後連結果都不問一下的話，你會有怎樣的感受？

仙人掌是一家總部位於美國內華達州的圖書出版公司，每年到了法蘭克福圖書博覽會之前的三個月時間裡，公司就會變得特別繁忙，幾乎所有的編輯人員都要加班編制圖書目錄，以便使公司能夠在參加展會的時候推出更多的產品，對於像仙人掌這樣以版權輸出爲主要業務的公司來說，展覽會版權交易是最主要的利潤來源之一。

爲了給公司帶來更多的活力，二〇〇一年，公司進行了一次管理層大換血，凱文・特納成了公司的新任CEO，他年輕而富有活力，廣開言路，善於傾聽別人意見，講話極具煽動性，而且能夠在繁忙的工作當中給大家帶來很多歡樂。就在上任的第一個月的月底，他召開了一次全體員工大會，在這次會議上，他說明了公司未來的展望，並承諾在近期將進行相對的薪資調動。

沒過多長時間，員工們就發現，在公司編輯、設計、行銷、發行、倉儲、生

產、日常管理等七個部門當中，只有發行部門員工的薪資得到了調整，而且這種調整是：發行部員工的工資水準整體被調低，只是增加了回款抽成部分，如果考慮到當時的市場環境的話，公司的整體工資水準實際上是下降了。

突然之間，員工們變得憤怒起來，他們普遍感到自己被欺騙了，認爲是管理層愚弄了自己，許多人開始把特納當成了「笑面虎」，更多的人開始透過行業工會表達自己的不滿。問題是，當他們把自己的憤怒傳達給自己的上司時，特納又召開了一次全體會議，並再次在會議上發表了煽動性極強的演講，這次，員工們再也不會被打動了，對於他們來說，自己得到的只是更多的空頭承諾，毫無疑問，沒過多長時間，員工們感到自己再也無法相信自己的老闆了，他們開始悄悄地尋找其他工作，特納案頭的辭職報告也一天天多了起來，許多尚未編輯的書稿被積壓在辦公室裡，倉庫裡的庫存也越來越多……

需要指出的是，在鼓勵冒險的整個過程當中，一定要確保發揮主導作用的不是管理者，而是員工本人，也就是說，管理者的最終目的是要讓員工培養成一種敢於冒險的習慣。

如果不能讓員工把冒險轉變爲自身行爲習慣的話，再好的激勵措施也將是無效的——優秀的管理者其實是在培養員工的一種習慣，在鼓勵冒險方面，最爲失敗的管理就是，一旦管理者離開，員工就又會恢復到以前的樣子。把冒險變成習慣並不是一件容易的事，而要想讓你的員工敢於不斷進行冒險，管理者就必須注意，要在鼓勵員工進行冒險的過程中，讓員工本人扮演主要角色，相比之下，管理者所需要做的，可能只是一次鼓勵、默許，或者是員工冒險成功之後的一次獎勵。

英代爾公司首席執行長貝瑞特就是一個善於培養員工冒險精神的好手。他本人就是一個因喜歡冒險而出名的人，據說他最喜歡的運動之一就是開著F-16在白雲上面翻筋斗，而且還爲了釣魚而親自跑到阿拉斯加州的冰川裡待上幾個星期，還曾經乘船在亞馬遜雨林中漂流過。除了喜歡個人探險之外，貝瑞特還把這種探險精神帶到了自己的辦公室，他經常把自己在旅途中拍到的一些照片懸掛在自己的辦公室裡，還經常跟公司的中層管理者們分享自己的探險心得，在情況允許的時候，他甚至還會親自開著F-16帶著股東們衝上天空！所有曾經跟他有過接觸的

人都體會到了探險的巨大樂趣，對於自己的生活，貝瑞特最經常掛在嘴邊的一句話就是，「每個人都應當去冒險，這是一種積極健康的生活態度！」

貝瑞特的努力是卓有成效的，很快的，他的這種精神影響到了整個公司，並進而使得貝瑞特的很多看似大膽的決策得到了支援。最爲有名的一個例子就是，大約二〇〇一年的時候，由於許多小型的電腦微型處理器公司的研發能力不斷提高，他們逐漸開闢很多新興的利基市場，這就使得整個微處理器行業逐漸分裂，日趨細化，在這種情況下，傳統的晶片業務顯然已經無法繼續支撐龐大的英代爾公司繼續在市場競爭中快跑。在對整個市場情況進行了詳細地調查與分析之後，貝瑞特決定對整個英代爾公司進行調整，大幅削減公司傳統的主導業務——微型處理器，對於這一決定，公司管理層出乎意料地表示支援，即便是對於那些因此而失去工作的員工來說，他們也開始對公司的政策表示支援，就這樣，被業界喻爲「恐龍」的英代爾實現了輕鬆而平穩地自身的戰略轉型。

而且也同樣是在貝瑞特的這種冒險精神的指引下，英代爾在很多新興的市場領域當中向那些咄咄逼人的新興公司發出了挑戰，在總結自己的戰略時，貝瑞特這樣告訴採訪者，「我們的目標是把自己變成一頭饑腸轆轆的恐龍，體型龐大而行動迅捷，能夠跟所有的小動物們搶肉吃，我們堅信自己能夠做到這一點，爲此，我們的主要方式就是要不斷冒險……」

激勵指數自測

1.想想看，冒險與授權之間的區別在哪裡？

2.你覺得自己善於鼓勵員工冒險嗎？如果不是的話，爲什麼？

3.問自己一個簡單的問題，「當你不在辦公室的時候，你的員工們是否敢在一些相對重要的事情上自己做決定？」如果答案是「否」的話，我建議你好好考慮一下爲什麼會這樣？

4.從今天起，把公司中發生過的所有因爲冒險而取得的成就列成一張清單，然後發放給所有員工。

第十四課

玩轉六頂思考帽：如何激發員工的創新思維

本課主要內容：

能夠激發直屬員工創新性思維的管理者本身就是天生的激勵者。

對於所有不得不繼續參與市場競爭的企業來說，未來的道路只有兩條：

創新或死亡。

管理者激發員工創新性的一些常用方法

「追殺比爾」是一向有「鬼才」之稱的好萊塢名導演昆丁塔倫提諾的第三部作品，作品視角獨特、想像力豐富、畫面優美、動作簡潔而極富震撼力，融合了東方武術、劍道、空手道、搏擊等數種武打風格，畫面及音樂兼具東方的優美與西方的優雅，甫一問世，便席捲整個全球電影市場，使得全球觀衆如癡如醉，一時間，女主角烏瑪·舒曼繼沈寂四年之後再次成爲人們日常談論的焦點，而導演昆丁塔倫提諾也重新成爲好萊塢的熱門人物。

沒有人懷疑，造就昆汀的不是別的，而正是他天馬行空的想像力。那麼他的這些想像力到底是從哪裡來的？據說烏瑪曾經爲了拍攝「追殺比爾」而接受了長

達兩年的專門訓練，早在影片開拍之前，她就已經渾身傷痕累累，到底是什麼激勵著她做出如此巨大的犧牲呢？「是昆丁塔倫提諾的想像力激發了我，想像力確實是一件美妙的東西，它讓一切都變得那麼有趣，那麼美好！無論承受什麼痛苦，只要一想到自己是在進行創造，是在做一件從來沒有人做過的事情，我就變得幹勁十足！」在一次影片宣傳活動當中，光彩襲人的烏瑪這樣說道。

事實上，無論是在藝術創作上，還是在企業日常管理中，創造本身就能夠發揮強大的激勵作用。關於人性的一個最本質的眞理就是：人的心理都有一種喜新厭舊的傾向，總是希望自己的工作和生活能夠更加豐富多彩，很少有人能夠對一成不變的事情眞正保持長久的熱情。從對員工進行激勵的角度來說，這一眞理同樣成立。

詹澤爾公司是美國中部最大的輪胎銷售商之一。該公司成立於一九八五年，迄今爲止，公司的銷售額已經增長了八十餘倍，當初投資公司的股東們早已富可敵國，在一般人看來，能夠在短短時間內實現如此業績，公司的管理者一定是對員工們百般壓榨，事實上，考慮到員工的薪水會隨著年資的增加而不斷增長，許多公司都會採取定期換血的辦法，把那些即將達到領取公司股份年限的員工辭退，來減少員工成本；而另一方面，由於在那些快速增長的公司當中，工作壓力一般都比較大，所以員工們也通常會選擇在工作一段時間之後自動離職，跳槽到其他公司。可是讓人感到奇怪的是，在詹澤爾公司，即使承受了巨大的壓力，即使是經常受到其他公司更高薪水的誘惑，公司的員工離職率卻不到10％。爲什麼會出現這種情況呢？到底詹澤爾公司爲員工提供了一份怎樣的工作呢？它的管理者們又對自己的員工施了什麼魔法，能夠把員工死死地拴在自己周圍呢？在一個大談「員工忠誠度」的年代，這一問題無疑激發了衆多企業管理者的好奇心。「和所有的公司一樣，我們公司也對員工有著同樣的要求，按時上下班、按時完成工作、忠誠、敬業等等，」公司總裁兼首席執行長詹澤爾這樣說道，「如果實在要找出我們公司跟其他公司不同之處的話，或許就是我們的會議室了。要知道，在大多數公司當中，開會是一件令人討厭的事情，可是根據我的觀察，我們所有的員工都喜歡開會！」

「我們的會議桌可不是一般的會議桌，那可是標準的撞球桌。」詹澤爾略顯

得意地說道。

「什麼，撞球桌？」採訪者不禁驚訝地叫了起來，「你們居然把撞球桌當成會議桌，難道你們總是一邊開會，一邊打撞球？」

「可以這麼說吧！」詹澤爾接著說道，「至少我們不會規定員工在開會的時候必須正襟危坐！很多管理者認爲那樣能夠提高會議效率，可是在我看來，那種做法卻會極大地禁錮員工的創造力！要知道，」詹澤爾接著說出了一句頗富哲理的話，「不能進行創造的人是痛苦的！」

從管理者的角度來說，不能激發員工進行創造的管理者是失敗的。關於創新對於企業發展的作用，相信只要稍具管理常識的人都不會感到懷疑。人類社會的每一次飛躍，無論是技術還是藝術上的飛躍，都是一種創新的結果。

早在十六世紀的時候，當時的威尼斯有一位名叫美第奇的貴族，和所有其他文藝復興巨匠們不同的是，這個人並沒有開創任何全新的畫派，也沒有完成任何不朽的建築，更沒有任何的傳世作品問世，可在後世對他的所有評價當中，出現頻率最高的一個稱呼卻是「文藝復興之父」！甚至有人宣稱，「如果沒有美第奇的話，很可能就不會有文藝復興！」人們是怎麼發現美第奇的呢？爲什麼一個並沒有任何偉大作品的人卻得到了如此高的評價呢？

在對文藝復興時期的資料進行研究的過程當中，歷史學家們發現「美第奇」這個名字經常被人跟米開朗基羅等巨匠的名字聯繫在一起，於是激發了他們巨大的好奇心。經過一番深入研究之後，人們發現，原來只是一名普普通通的貴族，並沒有任何藝術上的天賦和貢獻，但他卻資助了數十名藝術家從事藝術創作。「他並沒有在藝術上給那些藝術家們任何有益的啓發，但他卻表現出了對藝術的欣賞和認可，」一位哈佛大學的教授這樣評論道，「考慮到當時的社會環境，這對藝術家們無疑是一種巨大的鼓勵。」哈佛大學商學院的另一位教授這樣評價道：「從管理學的角度來說，美第奇是一位當之無愧的偉大的創新管理者！」

激發創新思維首先應該從確認和消除員工對創造性活動的疑惑和恐懼。而美第奇所做的就是確認創新者所從事的工作的價值。由於是在一片未知的領域裡進行探索，所以創新的過程通常會有很多失敗和挫折，在這種情況下，能夠支援創新者繼續前進的，除了整個組織不斷提供物質支援之外，周圍的人對其工作所持

的態度也是至關重要的。很少有人能夠在得不到物質支援，又得不到精神鼓勵的情況下，堅持進行自己的創新工作。

對於管理者們來說，要想消除員工對創造性活動的疑惑和恐懼，除了承認創造性工作的價值之外，管理者還應該對創新活動做出適當的定義。正如愛因斯坦曾經說過的那樣：「世上沒有比不斷地做同樣的事情卻希望得到不同的結果更愚蠢的想法了！」確實如此，在很多情況下，創新基本上都意味著「不同」。

也就是說，要想做出眞正的創造性工作，創新者首先必須敢於不同，敢於做出一些超出常理的行爲；對於善於鼓勵創新的管理者來說，他們必須容忍和鼓勵創新者不斷的失敗，以及那些可能會違反常理的行爲。

美國舊金山有一家經營雨具的商店，該商店處於一個非常不錯的地理位置，緊靠著幾條公共汽車的站牌交會口，所以商店門口的人潮流量極大，所以商店的經營者自然也對未來充滿了信心。可是等到商店眞正開業之後，經營者卻發現事情並沒有自己想像得那麼樂觀。雖然商店處於公共汽車站牌的交會口，可是通常情況下，商店門口經過的客人只是在忙著趕公共汽車，他們好像從來都沒有留意到公共汽車站牌的旁邊開了這麼一家新的雨具商店。另一方面，由於舊金山一年旱濕兩季分明，所以在旱季的時候，商店門口更是門可羅雀，生意異常慘澹。

爲了改善經營狀況，這家商店的老闆請來了一名諮詢顧問。在商店內外考察了三天之後，諮詢顧問向商店老闆提出了一個非常荒謬的建議：在商店入口處擺上一個大魚缸，在裡面養上各式各樣的魚，然後再根據魚缸所在的位置對商店裡面的商品陳列位置進行重新佈局。雖然半信半疑，然而老闆最終還是決定按照諮詢顧問的建議對商店進行了重新佈置……

奇怪的事情發生了。在商店重新開業的第一個星期一，原本漠然地經過商店門口的行人開始好奇地朝商店裡面張望，慢慢地，人們開始走進商店看一看，就這樣，商店的生意漸漸好轉起來……

三個月以後，這家原本生意慘澹的雨具用品商店已經成了車站附近的一道風景。人們開始在等候公共汽車的間隙裡來到這家商店，即使在旱季的時候，商店的生意也因爲出售遮陽傘而變得興隆起來。「這到底是怎麼回事？」商店老闆再次來到了諮詢顧問的辦公室，「難道一個魚缸會有這麼大的功效？」

「關鍵不在魚缸，」諮詢顧問微笑著說，「它只是給你的商店帶來了一些小小的改變而已！想想看，如果你的商店外面看起來跟其他商店沒有什麼兩樣的話，人們爲什麼要對它感興趣呢？所以要想吸引人們的眼光，你的商店首先必須與衆不同！」

除了容忍那些超出常規的想法之外，善於鼓勵下屬進行創新的管理者們還應該學會創造一個寬鬆的、所有人都可以暢所欲言的工作環境。在遇到下屬提出一個異乎尋常的點子的時候，管理者的第一反應應該是考慮這個新點子傳達的是怎樣的思路和角度，而不是想著如何反駁和批判這個新的創意。

曾經爲多家玩具廠商設計玩具的世界著名設計公司 IDEO 就是一個很好的例子。對於該公司的管理而言，這個世界上的人分爲兩種：一種是能想出點子的，一種是想不出點子的。該公司的一名設計主管大衛根本不相信這個世界上會存在任何所謂的「壞點子」。雖然曾經設計出了諸如「大白鯊」之類的驚世作品，但 IDEO 實際上卻是一家只有三十餘名員工的小公司，這家公司的絕大部分工作人員的主要任務只有一個：創意。公司每年都會想出至少三百個以上的創意，然後全體員工再開始從實用性、客戶需求、市場情況等角度對所有創意篩選。經過篩選之後，公司銷售部門會將其中的大約十二個創意推薦給潛在的客戶，然後由客戶進行挑選，「眞正能夠與消費者見面的大約只有三到四項創意，」大衛說道，「實際上，這三、四項創意卻可能綜合了所有創意的優點。」

作爲一個組織或團隊的管理者，你不僅應該支援創新思維，而且還應該把這些想法付諸實踐。多年以來，世界各地的管理學者們先後對多種創新案例進行了研究，並最終總結出了一些簡單而實用的創新工具，比如說最常用的方法就是大腦風暴法，還有德伯諾的六頂思考帽法等等。對於一名管理者來說，你首先要讓直屬員工隨時可以接觸到一些著名的講述創新方法的圖書，比如說羅傑・歐克的《在腦袋旁邊撞一下》（A Whack On The Side Of The Head），德伯諾的《六頂思考帽》（Six Thinking Hats），還有查理斯・奇克・湯姆森的《一個偉大的思想》(What A Great Idea!)等等。

對於一名管理者來說，鼓勵創新最重要的做法莫過於透過自己的行動以身作則。也就是說，管理者自身就應該是一個喜歡創新思維，並且善於進行創新的人。

因爲只有這樣，下屬們才能夠眞正體會到創新的重要性，並開始把自己的創新能力作爲衡量工作績效的一個重要尺度。

最後，也是最爲關鍵的一點就是，管理者必須學會以實際的行動鼓勵創新。

首先，管理者應該對那些善於創新的人進行相對的物質獎勵和精神獎勵，對於像那些以創新爲主導的公司——比如說像IDEO這樣的公司來說，員工進行創新的過程本身也就是完成工作的過程，所以在這樣的公司中，管理者尤其需要將員工的創新能力與其最終所得到的報酬直接聯繫起來。

其次，作爲權力資源的掌握者，管理者應該迅速調集相對資源，將新的創意應用到實際的工作和生活當中，將新產品或服務的創意儘快應用於市場實踐，從而最大限度地利用員工的創意爲公司創造價值，同時由於員工的創新能力與其最終所得報酬直接相關，所以員工也會因爲自己的創意走向市場而獲得更大的收益。除了物質上的收益之外，由於員工親眼看到自己的創意爲公司管理層所採納，並最終取得了相對的市場迴響，他們也會因此而感到極大的心理滿足。

1. 想想看，從辦公環境的角度來說，你可以對自己的公司進行怎樣的改進？使其變得對員工更加富有吸引力？

2. 將你的部門最近遇到的所有問題列成一張清單，然後透過電子郵件或電子公告牌的方式發送給全體員工，向他們徵集意見，並許諾提供相對的獎勵。

3. 你的公司或部門是否制定有任何獎勵創新的制度，如果有的話，建議你查一下近期的獎勵執行情況；如果沒有的話，建議你立即與公司人力資源部門進行協商，對獎勵制度進行改革。

第十五課

殺死暗中的敵人：如何克服那些暗中削弱員工積極性的因素

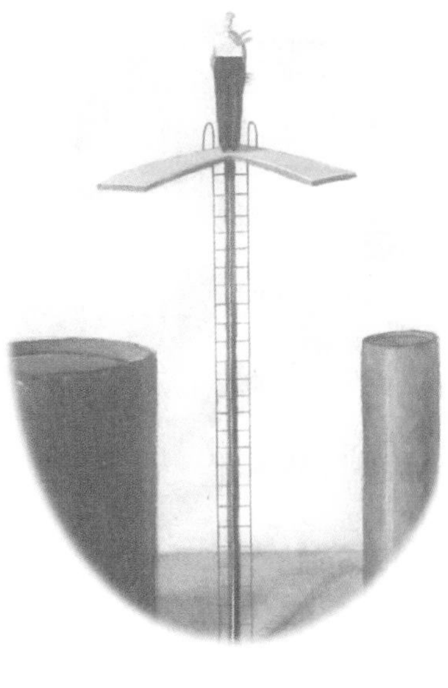

本課主要內容：

無論你多麼富有號召力，多麼善於激勵員工，你都必須承認一個事實：你的員工隨時都受到其他因素的影響，這些因素很可能正在削弱著他們工作的積極性。

那些真正優秀的，能夠為企業長期發展考慮的管理者總是非常善於發現。

這些削弱員工積極性的因素

在所有可能削弱員工積極性的因素當中，「自尊心受到打擊」是最爲不容忽視的因素，所以管理者的大忌之一就是忘記維護員工的自尊。我們正生活在一個充滿變化，人與人之間又變得日益苛求的時代，人們之間建立信任的成本正變得越來越高，而這種信任被打破的方式也越來越多，而且打破信任也正變得越來越容易，這一切都正在給管理者帶來巨大挑戰。作爲一名管理者，無論你多麼善於激勵人心，多麼富有親和力，你都必須面對這樣一個事實：我們的周圍世界充斥著各式各樣能夠削弱員工積極性的因素，也就是說，員工們隨時可能受到各種因

素的影響，從而對自己的工作失去積極性。

富蘭克林是美國的開國元勳之一，由於家境貧寒，他一生沒有接受過任何正規的教育，可是他最終不僅和華盛頓等人一起建立了整個美利堅合衆國，而且他本人也成爲了一位著名的科學家和企業家。在整個美國獨立戰爭期間，富蘭克林一直扮演著一種督察員的角色，對於美國軍隊出現的任何問題，乃至主要領導團隊內部出現的任何可能會削弱團隊戰鬥力的現象，他都能夠立刻發現，並及時採取措施予以糾正和補救。

在自己的自傳當中，富蘭克林把自己的這種能夠及時發現問題的素質歸功於自己早年的一次經歷。大約一七八二年的時候，當時的北美依然是英國的殖民地，有一次，富蘭克林乘船前往英國，在海上航行期間，他跟船長結成了好朋友。海上的航行是單調而枯燥的，所以富蘭克林就經常跟船長一起四處巡查，一方面聊天解悶，另一方面也藉此機會學習一些關於海上航行的知識。

有一天，當富蘭克林正跟船長在甲板上欣賞風景的時候，一位大副跑了過來：「報告船長，各項工作已經完成，請問是否可以讓水手們休息一下？」船長問大副：「船艙打掃了嗎？」「打掃完了，船長！」「糧食和淡水儲備都檢查了嗎？」「檢查完了，船長！」「昨天的航海日誌完成了嗎？」「也完成了！」船長想了想，然後對大副說道：「好吧！那就讓水手們把甲板好好擦一擦吧！」大副應了一聲，然後跑開了。

「爲什麼現在就打掃甲板呢？」富蘭克林好奇地問道，「如果我沒記錯的話，通常都是在傍晚的時候才打掃的啊！」

「那是因爲你不瞭解這些水手們，」船長笑了笑說道：「在大海上航行的時候，最忌諱的就是無事可做，一旦水手們有了空閒時間，他們就會成爲不安定因素！一旦讓他們休息下來，你就很難再讓他們充滿幹勁！」

在實際的企業日常運營中，一個不可否認的事實就是，雖然管理者能夠想出各式各樣的辦法來不斷激發直屬員工工作的積極性，但員工也會因爲各式各樣的原因而變得消極懈怠，甚至開始考慮尋找其他的工作。

導致這種情況的原因有很多，其中最主要的一點就是跳槽的誘惑。幾乎所有的管理者都會把員工忠誠度看成是一個非常令人頭疼的問題。一方面，頻繁的人

員流動不利於公司凝聚力的形成，另一方面，由於那些被人挖走的員工通常具有較高的含金量，而且公司也爲這些員工付出了一定的培訓成本，所以這些員工一旦離職，將會給企業帶來比較大的損失，所以跳槽的誘惑一直是削弱員工工作積極的一個重要因素（關於這個問題，我們將在第十六課，「留住你的金員工」中展開詳細討論）。

導致員工積極性減弱的第二個主要因素就是工作環境，通常情況下，除了爲了追求更高的薪水及待遇而離開公司之外，員工積極性減弱的一個重要原因就是爲了尋找更好的工作環境。這裡的環境是指多方面，既指客觀的硬體環境，比如說辦公條件乃至辦公室的地理位置等，又指辦公室的工作氣氛，以及人際關係等因素。

雖然聽起來似乎有些讓人難以置信，可是辦公室的地理位置確實會影響一個人對於工作的選擇。據說全球最大的影像出租連鎖店，總部設在美國佛羅里達州的百視達公司曾經力邀沃爾瑪的前任副總裁加盟，然而這位副總裁考慮了很長時間，最後還是決定繼續留在沃爾瑪，而且他做出這個決定的原因非常簡單——我喜歡阿肯色，你知道，佛羅里達州讓我渾身難受……。

除了地理位置之外，優越的辦公條件也會給員工帶來巨大的吸引力。總部坐落在史丹福大學校園裡的Google就是這樣一家公司，衆所周知，Google是一家以搜索引擎而聞名於世的網路公司，該公司創建於上個世紀九〇年代中期，創始人是史丹福的兩個大學生，當初他們只是完全出於個人興趣創建了這個公司，可是出乎他們意料的是，就在不到十年的時間裡，Google從一家新興網路公司發展成爲一家企業巨無霸，二〇〇四年六月，公司在美國華爾街公開募股，一次募集的資金總額高達三百七十多億美元，一躍成爲美國最富有的公司之一，而那些已經在公司工作多年，並擁有一定股份的員工也有許多因此成爲了千萬富翁，甚至是億萬富翁……

然而在過去的很長一段時間裡，Google的員工，包括股東在內，並沒有享受到如此的榮耀，也根本沒有料想到自己有一天會成爲大富翁，對他們來說，當初選擇這家公司的原因只有一個：工作環境。一提起自己的工作環境，Google的員工就不禁眉飛色舞起來：「這可眞是一家與衆不同的公司，你知道嗎？我們可以

在辦公室裡喝咖啡、玩遊戲，甚至還可以把自己的寵物帶到辦公室……我想像不出，這個世界上哪裡還有比我們公司更有趣的工作場所！」

對於員工而言，辦公室人際關係也可能會影響到他們對於工作的選擇和工作態度。世界著名人力資源管理公司美塞公司進行的一項研究表明，那些人際關係比較直接，人與人之間能夠眞誠交往的公司，不僅在工作效率上會高出一截，而且它們的員工工作積極性通常也會比較高。這方面的一個典型例子就是博克思速食連鎖公司。該公司的前身是美國印第安那州大學附近的一家速食店，由於店裡的人手不夠，所以速食店的經營者就經常跟大學裡的學生們聯繫，請他們到自己的店裡打工，剛開始的時候，這種做法只是一種權宜之計，一段時間之後，速食店的負責人博克思發現，聘請學生在這裡打工不僅可以減少店裡的成本開支，而且還會在不知不覺中增加客流量——一方面是因爲很多學生會把自己的同學們帶到自己工作的地方用餐，另外一方面，學生們之間也比較容易進行溝通。所以漸漸地，博克思開始在更多的大學附近開起了連鎖店，而且全部採用聘請學生兼職工作的方式，很快的，博克思速食店就成了美國很多大學附近的標誌，很多學生在畢業後也直接加入博克思公司，並最終成爲了公司的管理者。

幽默感也是影響辦公室氣氛的一個重要因素。一位著名的管理學家曾經告訴那些前來向他求教管理智慧的人，「只要能讓你的員工快樂，他們就會供你驅使！」研究表明，快樂、歡笑、幽默等心態和情緒都是能夠有效提高一個人工作效率的法寶。這些情緒能夠讓人把自己所從事的事情與積極樂觀的心態結合起來，從而他們就會對自己的工作產生更加濃厚的興趣。所以，當你的員工情緒低落，或者是感到疲憊的時候，我建議你跟他們開個玩笑，這樣一方面可以減小他們的壓力，一方面也有助於他們想出一些更加富有創造性的辦法來解決自己所面臨的問題。

除了這些一般性的因素之外，導致員工對工作失去積極性的因素也可能是某個事件、員工對管理層某項決策的不滿，或者是員工感到自己的自身價值沒有得到承認等等。雖然聽起來好像都不是什麼重要的事情，可是這些情況同樣會對員工工作的積極性造成巨大的負面影響。

優秀的管理者往往能夠跟自己的員工結成密切的盟友關係，有時他們之間的

這種關係甚至可以維持長達數十年的時間。而另一方面，一旦員工與管理層之間出現任何隔膜，或者是管理層的某些行爲引發了員工心中的不滿，就很可能會嚴重影響員工工作的積極性，嚴重的情況下會造成員工大批離職，甚至使整個公司的運作陷入一種癱瘓狀態。

美國北卡羅來納州的城市快報公司就曾經遇到過類似的情況。就在該公司剛剛替換高級管理人員之後不久，公司全體編輯舉行了一次大罷工，罷工時間持續了整整一個上午，結果導致這家日報第二天的報紙比以往的上市時間晚了三個小時——對於一家以「報導最新的新聞」爲經營理念的公司來說，這可不是一件小事。

在公司董事會與報紙編輯們進行的懇談會上，當董事會成員問及此次罷工的原因時，編輯們才道出了事情的眞相：原來是因爲新的編輯部主任在上任第一天下達了一道命令，要求全體編輯人員從即日起必須穿著正式服裝上班。這道命令在整個編輯部引起了軒然大波——因爲編輯們一直以來採取自由著裝風格，畢竟跟記者們不同，編輯的工作基本上並不會跟外界有太多的接觸，所以他們在一般情況下都不願意穿上那些讓人感到「渾身僵硬」的正式服裝，有一些編輯甚至公開宣稱，正式服裝「會讓我的大腦停止轉動」。

對員工而言，最後一個，也是最不能容忍的一個能夠影響其工作積極性的因素就是對他們自尊的侵犯。其實不僅是在辦公室裡，即使在人們日常交往中，這一因素也是非常重要的。而如今困擾辦公室職員的一個事實就是，自己的上司普遍對自己不夠重視，甚至有的上司根本不能維護直屬員工的自尊。

在剛剛被貝塔斯曼集團收購的一段日子裡，世界著名出版機構，有著六十餘年歷史的蘭登書屋曾經出現過多次巨大的人員調動，很多資深的編輯也選擇了離開自己任職多年的這家出版公司，許多出版專案被迫停止，一時局面岌岌可危。聽到消息之後，集團總部急忙派人進行調查，結果發現所有的問題都是出自一個名叫卡爾斯的人身上。據一些離職的編輯說，卡爾斯是一個根本無法與人溝通的人，記得有一次開編輯會議的時候，他一個人沈默不語，坐在會議桌的一端默默地抽著煙斗，在會議快要結束的時候，他就在桌子上磕磕煙斗，然後清清嗓子，對大家說道：「我覺得剛才卡蘿爾的發言毫無道理，她的那個建議根本不符合出

版行業的常識，我眞不知道……」然後大家明顯看到卡蘿爾的臉變得通紅，離開會議室的時候，有人看到了卡蘿爾最後離開辦公室，眼睛裡還噙著淚水。第二天一大早，卡蘿爾就把自己的辭職信交給了卡爾斯……

可能很多管理者都沒有意識到自己的這種行爲，而一個令人沮喪的事實就是，這種現象如今正變得越來越普遍。很多管理者在自己的辦公室裡採取權威家長式的統治，他們從來聽不進下屬的建議和意見，經常會粗暴地打斷下屬的發言，甚至會當著別人的面批評自己的下屬，有時甚至會貶損下屬的人格。

對於這樣的管理者，我建議你應該在自己的辦公桌上樹立一個小牌子，隨時提醒自己注意以下幾點：

1.永遠不要當衆批評自己的下屬，如果你實在忍不住這樣做的話，我建議你在批評下屬之前問自己一個問題，「如果有人這樣對我，我會怎麼想」？

2.在跟下屬打交道的時候，永遠不要使用任何具有攻擊性的肢體動作。這樣的動作主要包括：用手指指對方、拍對方後腦勺、用手背用力撞擊下屬腹部等。

3.永遠不要讓下屬感到你有高人一等的姿態。記住，財富或權力上的多寡永遠不應導致人格上的高低，即使位高權重，富甲一方，你跟別人也是平等的。

4. 永遠不要就工作以外的事情對自己的下屬進行評判。如果你的下屬沒有違反法律或者是公司規定的話，他就不應該為自己的其他任何行為遭到你的批評。

激勵指數自測

1. 你是否對自己的員工表現出了足夠的尊重？如果沒有的話，建議你立即為自己制定一份詳細的計畫，儘快改正自己的壞習慣。

2. 在你的部門或公司當中，有哪些因素可能會削弱員工的工作積極性？你準備採取什麼措施來防止這些因素的惡化，並進而削除這些因素？

3. 建議你經常對員工展開定期的問卷調查，讓員工對自己的工作環境及公司的相關規章制度提出自己的意見和建議。

4. 及時對員工的意見和建議進行反饋，並在適當的時候建立回饋監督制度，讓員工關心的問題得到切實的解決。

第十六課

留住你的金員工

本課主要內容：

不同員工為公司做出貢獻的能力是不一樣的，對於任何一個組織來說，那些能力最強的關鍵員工，即我們所說的「金員工」都是最重要的資產？

留住金員工的第一個秘訣就是：從一開始就聘請合適的人，在招聘的過程中，管理者需要謹記，一個人「是什麼樣的人」遠比「他們能做什麼」更加重要。

留住金員工的第二個秘訣就是：要給予他們足夠的信任和支援，一旦你的金員工開始進入狀態，管理者所需要做的就是提供支援。

留住金員工的第三個秘訣是：因為人力資源也可以增值，所以管理者應當學會不斷對其進行投入。

幾乎所有的人都以爲，艾里克應該退休了；從加入這家公司開始，他已經勤勤懇懇地爲這家提供室內裝修服務的小公司工作了三十多年，公司提供的退休金和其他福利待遇足以讓他頤養天年，而且他今年也將近六十歲了，早已到了退休

的年齡。雖然多年的工作經歷使他擁有了豐厚的經驗，在處理各種問題時也具有超強的應變能力，畢竟，人不能工作一輩子，艾里克也是一樣。

然而只有一個人不同意，那就是這家公司的老闆貝里。「你不能離開我們，艾里克，」當艾里克向老闆提出要退休的時候，貝里這樣告訴他，「我絕不允許這樣的事情發生！」

「聽著，年輕人，」艾里克有些不耐煩地告訴自己的老闆，「我從你父親主管公司的時候就已經來到這裡工作了，我早已經把這裡當成我的家，把工作當成了我生活的一部分，畢竟，我已經老了，已經做不了什麼工作啦……」

「問題不在這裡，」艾里克還沒說完，貝里連忙打斷他道，「我並不關心你能夠在公司做什麼，我只是希望你能夠繼續每天出現在辦公室裡——即使什麼也不做，就這麼簡單！」

「能告訴我這是爲什麼嗎？」老人驚訝地看著自己的老闆。

「道理非常簡單，艾里克，你可能並沒有意識到，公司的員工們早已把你當成了他們的偶像，只要每天上班的時候能夠看到你，他們就會感到一種穩定和安全，而且很多人在內心裡也早已把你所取得的那些成就當成他們的奮鬥目標。還記得你在裝修市政大廳那次的設計嗎？我們的很多員工一直在揣摩你的設計，他們總是想超越你……」

「我明白了，」老人微笑著說道，「而且我還可以留在辦公室當個顧問，隨時解答年輕人們的問題……」

「沒錯，是這樣的！」貝里迫切地說道。

「好吧！我留下！」艾里克痛快地說道，說完，他離開了貝里的辦公室，心裡暗暗對自己說道：「被人需要的感覺眞好！」

毋庸質疑，對於任何一個組織來說，它的所有員工對於公司所發揮的作用都是不平等的。那些能力比較強，經驗比較豐富，或者是技術比較精湛的員工總是能夠對公司做出更大的貢獻，對於公司來說，這樣的員工就是所謂的「關鍵員工」，也就是「金員工」。

無論你所在的公司從事的是何種行業，金員工都是一筆重要的資產。首先，金員工的工作效率通常是普通員工的三倍以上，根據美國賓夕法尼亞大學羅斯教

授的估計，金員工的工作效率最高可達普通員工的二十倍，也就是說，金員工一個小時的工作成果最多可抵普通員工二十個小時的工作成果；而另一方面，他們的工作並不會相差太多，在這種情況下，從公司的角度來說，金員工自然能爲公司創造出更多的價値和利潤，從而也就成爲公司更加重要的資產。

其次，金員工具有巨大的示範和激勵作用。在很多實行標準化作業的行業當中，金員工的很多作業指標都成爲了整個組織，甚至整個行業的作業標準。羅斯教授在他所進行的研究當中發現，很多人力資源部門的管理者在進行員工業績考評的時候，總是會把金員工的業績標準作爲準繩，然後以此爲基礎，對其他員工的業績進行考量，可想而知，在這種情況下，金員工的業績水準自然成爲了其他員工模仿的對象，從而整個組織的平均作業能力自然也會得到較大提高。

第三，由於出色的員工大都資格比較老，所以他們當中的很多人都已經成爲了整個部門，甚至是整個組織的感情紐帶。在很多組織當中，那些年齡比較大，資歷比較豐富的員工所扮演的都已經不再是簡單的員工角色，他們有時甚至會被當作是辦公室大家庭的家長，比如說曾經一度被列爲美國第二大連鎖店的盤尼連鎖店就是如此。在盤尼公司，那些年老的員工大都會被公司分派到監視員的崗位去，他們的工作就是整天在商店或者是倉庫裡溜達，爲新員工提供指導，並不時地跟那些經常光顧盤尼店的顧客交談，仔細留心客戶的需求，並努力在整個商店裡營造一種家庭式的氛圍。

最後，從公司營運成本的角度來考慮，招聘新員工所耗費的成本要遠比留住金員工所耗費的成本要大得多。統計表明，通常情況下，公司招聘一名新員工並使其進入工作崗位的整個過程一般會分爲撰寫崗位說明、刊登招聘廣告、考核篩選、試用、培訓、磨合等六個階段，以安排標準的工作流程來計算的話，這些流程加在一起所耗費的時間至少爲四個月以上，考慮到公司在撰寫崗位說明、刊登廣告，以及培訓、考核等工作當中所耗費的資金及人力成本，如果再加上此階段的所有機會成本的話，平均招聘一名新員工所需要的成本大約爲六萬美元。而在一般的製造業當中，普通工人的工資水準大約爲三萬多美元，即使是那些待遇比較高的金員工，他們每年的薪酬大約也不超過六萬美元。所以從成本角度來說，留住金員工顯然更爲節約。

正如我們在本書開頭所談到的，管理者的最大作用不是凡事親力親爲，而是要學會激勵和授權。事實上，許多成功的管理者都把自己的職責歸結爲：留住那些能夠使公司業務運作良好的員工。很多管理者犯的一個共同錯誤就是，他們往往只注重招聘、培訓、激勵等，卻始終沒有想到如何去挽留公司現有的人才。

只要查一下那些世界著名的獵人頭公司的業務，你就會發現，他們所關心的只是如何挖角，卻從來不會考慮如何加固根基。而優秀的管理者不單單要掌握挖角的藝術，更要懂得如何加固根基，尤其是要學會如何爲公司挽留那些含金量極高的金員工。

要想挽留住金員工，管理者必須在剛開始招聘的時候就選對合適的人。在如何聘請合適的員工的問題上，著名管理諮詢顧問曾經跟他的客戶講過這樣一個故事：「美國西南航空公司的市場部副總監戴夫遇到過一個在暑假到自己部門實習的年輕學生，這位學生給他留下了非常深刻的印象，實習結束之後，戴夫一直努力跟這位學生保持聯繫，彼此之間也建立了深厚的友誼。在這位學生畢業的時候，戴夫曾經考慮過要把這位學生聘請到自己的公司，可是當時由於公司一直沒有合適的職位，所以戴夫就為他推薦了其他的工作，就這樣，雖然兩人沒能在一家公司共事，但他們之間的關係一直不錯，在此期間，戴夫經常就工作方面的問題為對方提供指導，在對方生日的時候也沒有忘記送對方生日禮物……就這樣，大約過了三年時間，戴夫終於在公司內部找到了一份合適的職位，兩人也從此成為了同事。

當有人問他為什麼這麼做的時候，戴夫回答道：「因為我們對於工作有著相同的要求：自由、改變、機遇。當年在西南航空公司實習的時候，還是學生的他就表現出了許多優秀的素質，首先，他從來不允許自己做出二流的工作；其次，他從來不需要我告訴他要去做什麼，因為他總能為自己找到最適當的工作；第三，他在面對問題和混亂情況的時候，能夠表現出良好的應變能力，而且他的自信極具感染力，能使整個團隊穩定下來。」最後總結，戴夫說道：「這就是我一直在尋找的理想員工。」

找到金員工之後，一旦感覺員工的工作進入了狀態，管理者這時所需要做的唯一工作就是：授權，然後提供支援。權力一方面能夠給人帶來一定的資源分配

能力，另一方面，它也會帶來一些有害的副產品，其中最重要的一點就是盲目自信。不可否認，這個世界上沒有一個人可以做到在所有方面都是專家，人們都只能在某一方面做得優秀，成爲眞正的專業人士。所以對於那些因爲懂得管理或者是因爲懂得技術而成爲被提升到管理者崗位的人來說，他所遇到的挑戰之一就是，學會如何克服因爲權力而帶給自己的盲目自信，承認自己對某些方面確實知之甚少，並最終把在這些領域的相關決策權交付給眞正的專業人士。

傳奇管理大師肯・布蘭查德博士相信，一旦找到了合適的人選，管理者的角色就應該由組織者轉變爲服務提供者。事實上，從管理者的角度來說，如果他們覺得有必要對所有的員工進行監督的話，那說明他們在聘請員工方面的能力存在確信——否則他們不會把那些自己並不能完全信賴的員工招聘到自己的部門當中。

公司或部門運作的一大特點就是合作性。關於合作的一個常識就是，在進行合作的過程當中，資源的調集和分配要比單槍匹馬地個人努力更有意義，而在調集和分配資源的時候，往往是那些對工作細節瞭解得最清楚的人能夠最有效地利用這些資源，也就是說，如果管理者不是對某個專案運作細節瞭解得非常清楚的話，他就應該讓具體的專案負責人來進行資源調度，而管理者本人則應該學會利用自己的權力來支援負責人協調相關各方的工作，並最終使資源配置達到最優。

在大多數行業當中，一旦聘請和引進了適當的員工，管理者便擁有了一種非常有價值的資產。不僅如此，而且這種資產還有著一個和其他所有資產相類似的屬性：它們可以不斷增值。正如著名的管理學家邁克・阿布羅曾經說過的，「即使你的團隊已經發展得非常成熟，你也要不斷地向自己的員工補充新的東西。」這一點在諮詢行業表現得尤為明顯。Infos軟體公司是印度的一家軟體諮詢公司，由於掌握住了印度在二十世紀九〇年代初期的政策轉型，該公司曾經一度獲得了高速的發展，並在業內贏得了良好的聲譽，累積了廣泛的客戶資源。一九九七年的時候，這家由兩位軟體工程師和一位資深MBA共同創立的軟體諮詢公司被印度的一家軟體諮詢業巨頭以三億美元的價格收歸旗下，公司的三位創始人也因此一夜成為億萬富翁。

在宣佈收購消息的新聞發佈會上，當有人問Infos公司最有價值的資產是什麼的時候，公司創始人之一回答道：「我們的員工！要知道，在我們這個行業，

最值錢的不是機器，也不是技術，而是人！我們的員工能夠開發技術、能夠編寫程式，還能夠製造機器……他們簡直是無所不能。」

事實也確實如此。在開發培養人才方面，Infos 公司有著自己獨特的理念。

在大約七年的發展歷程當中，Infos 一直堅持不懈地透過各種方式來增加公司的「軟資產」，即使公司的人力資本不斷增值，由於公司規模並不大，總共只有不到二百人，所以他們可以用訓練球隊的方式來訓練自己的員工，不僅讓他們在技術和理論上不斷提升，而且每次遇到重要課題或者是技術難題的時候，幾乎所有的研究人員都能被迅速集中起來，不分年齡，無論等級……事實證明，無論是從短期還是從長期的角度來說，這種做法都收到了良好的效果：從短期角度來說，由於有更多的人參與，使得公司在提供服務的品質和速度方面，都達到了令客戶滿意的程度；而從長期來說，公司也在這個過程當中得以培養了一大批身經百戰的得力幹將，幾乎所有的研究人員都從長期的業務實踐中得到了迅速的提升。逐漸地，隨著業務能力及在業內口碑的不斷提高，Infos 公司開始收到了越來越多的收購意向書，而收購的價碼也越來越高。在人才增值方面，著名的影業帝國派拉蒙公司也是一個很好的例子。這家曾以推出《教父》系列、《印第安那・瓊斯》系列、《計程車》、《雙飛翼》、《拉文和雪利》、《星際大戰》等經典影片而聞名於世的公司於一九九四年二月十四日被世界第三大傳媒集團維亞康姆以一百二十餘億美元的價格收購，在就資產評估問題而與同伴進行討論時，維亞康姆公司的總裁，當時已經七十歲的雷石東這樣告訴自己的同伴：「不要去管他們的主題公園什麼的，我們眞正需要的不是那樣一座公園，更不是攝像機、攝影棚什麼的，重要的是人，知道嗎？是那些能夠管理主題公園，以及能夠編寫劇本，進行拍攝的人……」

由於QVC總裁巴里・迪勒的惡意攪局，收購派拉蒙的戰役持續了一年多時間才收場，其間維亞康姆公司兩次拉高標價，將收購價格從最開始的六十餘億美元一直提高到後來的一百二十餘億美元，並一直在與各種阻撓力量進行抗爭，即使在這種情況下，雷石東始終沒有放棄，每次遇到困難，或者聽說自己的競爭對手又拉高了標價的時候，他總是微笑著悄悄告訴自己的私人助理：「單單是派拉蒙的一個導演就值上億美元！所以我們對派拉蒙是勢在必得……」在他的授意下，

維亞康姆公司始終堅持低調行事，一方面下定決心定要拿下派拉蒙公司，另一方面盡力安撫派拉蒙公司的所有員工和部分中高層管理人員，穩定軍心，按照維亞康姆的收購律師菲利普的說法，「我們儘量留住所有的藝術家，沒有他們，就沒有派拉蒙公司，我們可不想買下一座空城！」

事實上，是否能夠幫助人才實現增值已經成爲衡量一家公司成熟與否的一個重要標誌。早在上個世紀五〇年代，著名的管理學大師德魯克就曾經說過，「管理，從根本上說是人的事情，要想成爲眞正優秀的管理者，你唯一需要做的事情就是，在適當的時間，找到適當的人，來做適當的事情！」

隨著商業環境以及技術因素等的變化，「適當的人」、「適當的時間」，以及「適當的事情」這些因素的內容都會發生變化，所以在這種情況下，優秀的管理者必須學會根據這三個「適當」因素的變化而不斷調整自己的策略——在這一策略調整的過程當中，人的因素顯得尤爲重要，企業如果不能夠根據不斷變化的外部情況對企業的人員進行培訓，從而使其不斷進步的話，就很可能要不斷地從外部聘請新的員工加入，而正如我們前面談過的，這種做法一方面會不可避免地增加公司的營運成本，另一方面對公司的企業文化及凝聚力都將帶來一定的挑戰。

激勵指數自測

1. 問問你自己，在我的組織當中，是否有眞正的金員工？他們是誰？

2. 仔細檢查一下你公司的招聘流程，問問自己，在招聘的過程當中，我們是否考慮到了人的綜合特點，還是簡單地只考慮一個人的技術能力？

3. 檢查一下你公司的監督流程及規章，分析一下這些流程規章的主要作用是什麼，換句話說，它們的作用是用來監督員工，還是用來向他們提供支援的？

4. 你所在的組織是否對員工提供了足夠的培訓？切記，與其把資金和時間花在招聘上，倒不如把它們用來對現有的員工進行培訓。

第十七課

讓工作充滿樂趣的四種方法

本課主要內容：

讓工作充滿樂趣的第一種方法：對員工進行能力和性格測試，讓他們從事最適合自己的工作。

第二種方法：在確立員工工作崗位之後，要給予其足夠的培訓、信任和權力。

第三種方法：對於員工在工作當中所取得的成績，要及時肯定，對於他們工作中所存在的缺陷，要立即糾正。

第四種方法：及時而卓有成效的物質及精神獎勵。

本課並不是對前面所有課程的一個簡單總結，實際上，即使在看完之後，你可能就會發現，筆者在本課所做的，實際上是提供一種激勵員工的最基本的思路——它的最顯著的作用就在於：爲所有準備開始從眞正意義上善待自己員工的管理者提供一種最爲簡單而明晰的輪廓式的方法，至於前面各課提供的，則更像是一種細節性的操作技術手册。

一個不容質疑的事實就是，在當今社會，我們當中的大部分人在選擇工作的時候都會把報酬放到一個非常重要的位置上。換句話說，人們之所以會選擇某份工作，與其說是喜歡這份工作，倒不如說更喜歡這份工作所帶來的物質回報。對於管理者來說，這自然不是一個特別好的現象，畢竟，幾乎所有的管理者都希望能夠用工作本身來吸引員工，因爲在這種情況下，員工們通常都不需要太多的激勵和管理；可想而知，對於那些正在從事著自己喜歡的工作的員工來說，他們終日都在享受著工作本身所帶來的樂趣，自然就不會爲諸如薪酬之類的事情斤斤計較，而且由於這份工作能夠給他們帶來極大的滿足感，所以他們自然也會對其倍加珍惜，工作品質自然也會隨之改觀。

然而幾乎所有的管理者都會面臨這樣一些問題：如何爲員工安排一份能夠吸引他（她）的工作呢？如何能夠讓他們喜歡工作本身甚於喜歡工作所帶來的報酬呢？

要想回答這樣兩個問題，首先必須面對現實：我們當中的大部分都不能眞正從事那些自己所喜歡的工作，而且事實上，一旦把自己喜歡的活動變成了工作，很多人就會開始討厭它，結果這些人不僅沒有找到自己喜歡的工作，他們還失去了一項原本非常有趣的愛好。

所以我們得出結論，通常情況下，一個人對工作的興趣只能在工作中培養，這也就是說，要想找到自己喜歡的工作，我們首先必須讓自己學會對那些可能會讓自己喜歡的工作產生興趣。如何找到這樣的工作並對嘗試著對其產生興趣呢？

著名管理學家，史丹福大學教授吉姆・柯林斯所提出的刺蝟理論為這一問題提出了精彩的答案。

根據吉姆的建議，在選擇一份工作的時候，一個人首先應該問自己這樣三個問題：

1.在這份工作上，我是否擁有一定的天賦？（問問自己，我天生就是做這個的嗎？）

2.這份工作是否能夠帶給你豐厚的回報？（問問自己，如果這份工作還能夠給我帶來這麼多報酬的話，那我是否會覺得很激動呢？）

3.這份工作是否能夠讓你充滿熱情？（如果你每天早晨一起床就要面對這份

工作的話，你是否還會覺得很幸福呢？）

我們必須承認，很少會有人能夠找到一份自己既擁有百分之百的天賦，而且能夠帶來驚人的回報，又能夠讓自己爲之充滿熱情的工作——我本人從來不相信這個世界上會存在這樣的工作。可是讓人感到欣慰的是，在正確地回答完以上三個問題的話，我們基本上就可以找到這樣一份不錯的工作：它一方面能夠讓你感到非常輕鬆，一方面又能夠帶給你一定的挑戰；一方面能夠帶給你不錯的回報，另一方面又能夠帶給你不斷增加收入的機會；一方面能夠不斷激發你的工作熱情，另一方面又能夠讓你始終不斷接觸到新的事物。

這樣的工作是什麼呢？如果你已經對上面三個問題做出回答了的話，那你基本上已經距離答案非常接近了。事實上，這樣的工作就是以上三個問題的答案交叉的地方。

在《從優秀到卓越》（From Good To Great）一書當中，吉姆・柯林斯將他的這一理論稱之爲「刺蝟理論」，他承認自己的這一觀點是受到了古代寓言《刺蝟和狐狸》的啓發，因爲雖然狐狸總是詭計多端，花樣百出，但牠卻始終不能傷害嬌小而笨拙的刺蝟，其根本原因就在於，刺蝟總是能夠發揮自己的最大優勢，並把自己的全部精力集中到這一優勢領域當中。

吉姆相信，「刺蝟理論」也同樣適用於企業人力資源管理當中，優秀的管理者總是能夠考慮到爲不同的員工安排最適合自身天賦及興趣的工作。而相比之下，那些平庸的管理者卻總是一廂情願地按照自己的意圖爲員工安排工作。

據說迪士尼公司創始人華德・迪士尼早年曾經在一家雜誌社工作，由於整天胡思亂想，迪士尼總是喜歡在紙上畫來畫去，而且經常在工作的時候出神，此事引起了上司的強烈不滿。一段時間以後，這家雜誌的主編終於無法忍受，最後對他說了一句「你這樣的人永遠也不會有出息」，然後把他開除了。離開雜誌社的迪士尼曾一度陷入困境，由於拖欠房租，他經常被房東趕出住所，這樣的日子一直持續了幾年時間，最後，由於長期營養不良，迪士尼患上了重病。

養病期間，有一天迪士尼躺在床上休息的時候，突然看到一隻大老鼠從自己旁邊爬過去，看到老鼠饑餓慌張的樣子，迪士尼不禁有一種同病相憐的感覺，而大老鼠四處奔波忙碌的樣子又使他感到了一絲希望，幾乎就在這一瞬間，這隻大

老鼠在他的腦子裡幻化成了一種神奇的卡通形象，很快的，他讓妻子拿出了紙筆，只用幾分鐘的時間就在紙上畫出了以後流傳百年的米老鼠。並以此爲發端，最終建立了自己的迪士尼王國。

不知迪士尼當初任職的那家雜誌社的主編聽說此事後會有何感想。想想看，如果當初這位主編能夠認識到迪士尼身上的天賦，並把他調到雜誌社的漫畫部門的話，那結果將會怎樣？

我們不得不承認，人生來並不是平等的。只要看一看工作場所當中大家的表現，你就可以明白這一點：即使是那些具有相同教育背景，相似人生經歷的人，他們的工作效率和能力也可能存在著巨大的差別，有時這種差別可達二十倍以上——也就是說，即使兩個人的背景及經歷都很相似，一個人的工作效率也可能是另外一個人的二十倍。對於企業的管理人員來說，這種現象無疑能夠給我們帶來巨大的啓示：在進行人力資源管理的時候，應該把管理的重點放在「能力」而不是「人」上面。

對於當今的許多管理者來說，他們在進行人力資源管理的時候普遍存在的一個傾向就是把工作安排的重點放在「人」的身上。無論是在進行招聘還是在進行公司內部工作分配的時候，許多管理者的做法通常是：首先把所要完成的工作進行細分，把工作內容列舉出來，做成一份工作描述，然後人力資源部門的相關管理人員會根據工作描述到市場上尋找具有相關技能的人，找到這些人之後，管理人員會對所有的應聘者進行評級，並最終把工作交給級別最高的人。

這是一種非常傳統而穩健的做法，多年以來，無論是在類似世界五百大這樣的大企業，還是在許多新興的中小企業當中，管理者通常都是採用這種做法來進行招聘。問題是，這種做法同樣存在著一定的弊端，畢竟，無論在什麼樣的企業當中，在聘請一個人完成一項工作的時候，管理者的最終著眼點都是「結果」。不容否認，管理者實際上並不關心是「誰」完成了這項工作，對他們來說，最重要的是，「這項工作完成得是否能夠令人滿意」？

而真正能夠影響工作成效和工作效率的，其實是從事該項工作的員工本身所具有的包括性格、技能、知識，以及心理特點等在內的綜合素質——因爲在完成任何一項工作的過程當中，員工的性格及心理特點等看似不著邊際的因素都會對

作業結果產生影響。

考慮到這種情況，目前世界上許多管理學研究者們提出了「以能力爲基礎」的人力資源管理理論。根據這一理論，管理者們在進行日常管理和工作安排時將不再以「人」，而是以「能力」作爲思考問題的基礎。

在針對某個工作崗位進行招聘的過程當中，管理者首先會考慮完成該項工作需要具備哪些能力和技能，但與傳統做法不同的是，在確認這些能力和技能的時候，管理者首先會找出那些在完成該項工作方面表現最好的人（即找出完成該項工作的「理想員工」），並描述出這些人所具有的性格、技能、知識，以及心理特點等特質，然後從所有這些理想員工身上找出一些共同的特質；在確定共同特質之後，管理者將以這些共同特質爲目標，對所有的應聘者進行評級，並最終把工作交付給那些級別最高的應聘者。

實踐證明，在那些透過這種方法聘請員工的企業當中，不僅企業能夠得到更高的生產效率和結果，而且它也更加符合員工個人的職業發展軌跡，從而實現了員工和企業之間的雙贏。

讓工作充滿樂趣的第二種方法是培訓。培訓的意義不僅在於教授員工相對的作業技能，它還是樹立員工信心的有效手段。正如我們前面所談到的，無論對於任何人來說，成就感都是最好的表揚和鼓勵。早在公司成立之初，IBM公司的創始人老托馬斯・沃森就曾經立下一項規矩：IBM公司永遠都不會開除員工。即便在上世紀動盪不安的三、四〇年代，IBM公司仍然始終對員工堅守自己的這一承諾，並喊出了「工作有來有去，但人始終不變」這樣的口號。

從實踐上來說，IBM的這種做法可能顯得並不科學，因爲不僅員工本人所掌握的技能會隨著時代的發展日益老化，而且員工的工作熱情、心理特點等各方面都會發生變化，當某些員工與公司發展的步調失去一致的時候，如果公司仍然堅持聘任該員工，那無論是對員工的個人發展，還是對於公司的業績，都會造成不良的影響。

可是很長時間以來，IBM的管理層卻始終相信，只要公司能夠對員工適當的培訓，就可以使其知識結構保持不斷地更新，從而始終與公司的發展保持同步，不斷爲公司貢獻力量。而相比之下，有許多公司甚至不願意在員工開始工作的時

候進行相關的培訓，在這種情況下，員工很難開創出色的工作業績，從而也無法從工作當中產生相對的滿足感，最終不僅很可能會給公司帶來損失，也會讓自己錯過許多更好的發展機遇。

讓工作充滿樂趣的第三種方法是，管理者應該不斷對員工的行爲進行矯正。實踐證明，由於心理特點、應變能力、技能特徵等方面的差異，即使接受過完全相同的技能培訓的兩個人，他們在實際作業的過程當中也可能存在某種的差異，這時管理者如果能夠在員工工作過程當中對他們及時進行適當的表揚和批評的話，就會使員工的行爲更加適合理想的工作模式，從而也就會產生更高的效率。

管理學家們相信，眞正影響一個人工作業績的，是他的行爲。而心理學家則告訴我們，要想使一個人的行爲改變到理想狀態，管理者必須學會對其行爲不斷進行矯正。在行爲矯正方面，世界著名的管理大師，被稱爲「傳奇管理顧問」的肯·布蘭查德博士在其經典管理學名著《一分鐘經理人》進行了詳細的闡述。

肯·布蘭查德博士認爲，表揚與批評的本質是矯正行爲的兩個方面，表揚的目的在於肯定一種行爲，而批評的目的則在於否定一種行爲。而正如我們在本書前面所談到的，只要管理者掌握了正確的表揚及批評的藝術，就可以成功地對員工的行爲進行矯正，使其更加符合理想的員工作業模式，並最終產生理想的效果。

最後，要想讓工作充滿樂趣，管理者還必須在自己的組織當中建立適當的獎勵機制。首先，獎勵也是一種表揚，所以它具有和表揚相似的功能，也就是說，一方面，物質或精神方面的獎勵可以讓受獎者不斷重複那些爲自己帶來榮譽或物質獎勵的行爲，從而不斷保持或改進自己的工作效率；另一方面，獎勵還可以發揮樹立表率的作用，它可以爲組織的其他成員樹立一種正確的價值觀念，讓他們瞭解到，對於整個組織來說，哪些行爲是值得肯定的，從而促使越來越多的人模仿受獎者的行爲，並最終提高整個組織的業績效能。

其次，獎勵還是一種資源分配的手段。那些經常受到獎勵的人往往會成爲部門人事調動的優先考慮對象，一旦組織內部出現了適當的職位空缺，這些人就很容易被晉升到一個比較高的職位上，從而就會掌握更高的配置資源的權力，使得整個組織內部的資源配置達到最優。從這個意義上來說，獎勵就像是員工的成績單，記錄著員工的成長發展歷程。

衡量一個組織是否成熟的一個重要指標就是看該組織是否已經建立了一套成熟的獎勵機制。正如我們在本書前面談到的，世界五百大企業全部都有一套符合自身特點的獎勵制度，比如說 IBM 的人事提升制度、英代爾公司的年終獎勵制度、玫琳凱公司在公司總部懸掛傑出經理人像的做法，以及柯達公司的嘉獎會制度等等，都爲我們提供了良好的借鑑對象。

激勵指數自測

1.學會問自己三個問題：我最擅長的工作是什麼？我對什麼工作最爲充滿熱情？什麼工作能夠給我帶來最大的物質利益？這三者之間是否有重合之處？

2.在你主管的部門或公司展開一次活動，讓所有的員工都對自己提出這三個問題？

3.查看你所主管的公司或部門的監察及獎勵制度。

最後請問問自己

我是否把他們安排到了最適合自己的崗位上？

我給予他們足夠的許可權了嗎？

我多久沒有表揚或獎勵過自己的下屬了？

國家圖書館出版品預行編目資料

主管必修的17堂激勵課／張岱之著.
初版－－台北市：宇河文化出版；
紅螞蟻圖書發行，2004〔民93〕
面　　公分，－－(知識精英；5)
ISBN 978-957-659-470-0 (平裝)

1.人事管理　2.激勵
494.3　　　　93021249

知識精英 5
主管必修的17堂激勵課
作　　者／張岱之
發 行 人／賴秀珍
榮譽總監／張錦基
總 編 輯／何南輝
特約編輯／呂靜如
平面設計／林美琪
出　　版／宇河文化出版有限公司
發　　行／紅螞蟻圖書有限公司
地　　址／台北市內湖區舊宗路二段121巷28號4F
網　　站／www.e-redant.com
郵撥帳號／1604621-1　紅螞蟻圖書有限公司
電　　話／(02)2795-3656（代表號）
傳　　眞／(02)2795-4100
登 記 證／局版北市業字第1446號
港澳總經銷／和平圖書有限公司
地　　址／香港柴灣嘉業街12號百樂門大廈17F
電　　話／(852)2804-6687
新馬總經銷／諾文文化事業私人有限公司
新加坡／TEL:(65)6462-6141　FAX:(65)6469-4043
馬來西亞／TEL:(603)9179-6333　FAX:(603)9179-6060
法律顧問／許晏賓律師
印 刷 廠／鴻運彩色印刷有限公司
出版日期／2005年1月　第一版第一刷
　　　　　2007年10月　第一版第七刷

定價 220 元　港幣 67 元

ISBN-13：978-957-659-470-0　　**Printed in Taiwan**
ISBN-10：957-659-470-7